Olex2
软件单晶结构解析及晶体可视化

张江威　李凤彩　魏永革　等　编著

化学工业出版社
·北京·

内容提要

本书以图形界面化程序 Olex2 为平台，阐述了单晶结构解析的基本理论、方法与应用实例。全书共分为 7 章，讲解了晶体结构解析过程、晶体学信息的提取和处理。内容包括单晶衍射点数据的还原过程、Olex2 软件单晶结构解析整体流程、cif 文件的详细解析、检测及 CCDC 号的申请、晶体结构画图方法、三维拓扑结构分析等。介绍的算法包括经典的 Direct Methods 算法和 Patterson Method 算法，以及新发展的 Charge Flipping 算法、Intrinsic Phasing 算法和 Structure Expansion 算法等，展示了新算法在解析结构方面的优势。

本书适合于高校高年级本科生和研究生学习参考以及从事晶态材料、药物晶型研发的技术人员使用和参考。

图书在版编目（CIP）数据

Olex2 软件单晶结构解析及晶体可视化/张江威等编著. —北京：化学工业出版社，2020.9（2023.4重印）
ISBN 978-7-122-37273-4

Ⅰ. ①O… Ⅱ. ①张… Ⅲ. ①晶体结构测定-应用软件 Ⅳ. ①O723-39

中国版本图书馆 CIP 数据核字（2020）第 113329 号

责任编辑：李晓红　张　欣　　　　　　　装帧设计：王晓宇
责任校对：宋　夏

出版发行：化学工业出版社（北京市东城区青年湖南街13号　邮政编码100011）
印　　装：涿州市般润文化传播有限公司
710mm×1000mm　1/16　印张12¾　字数207千字　2023年4月北京第1版第4次印刷

购书咨询：010-64518888　　　　　　　售后服务：010-64518899
网　　址：http://www.cip.com.cn
凡购买本书，如有缺损质量问题，本社销售中心负责调换。

定　价：98.00元　　　　　　　　　　　　　　版权所有　违者必究

编写委员会

主　任　魏永革

副主任　张江威　李凤彩

编　委

魏永革　清华大学教授，中国晶体学会终身会员及第三届、第五届理事会理事

张江威　内蒙古大学能源材料化学研究院教授，独立 PI，中国化学会高级会员，中国晶体学会终身会员

李凤彩　郑州轻工业大学讲师

金文仁　丹东浩元公司副研究员，辽宁分析测试协会副理事长

王　超　测试狗科研服务平台 CEO

鲁继威　易科研科技（大连）有限公司 CEO

秦召贤　中国科学院大学博士

黄毅超　清华大学博士后

李　琦　清华大学博士

前言
PREFACE

  X射线单晶衍射技术是一项涵盖了物理、数学和化学三大学科的重要分析手段，其诞生与发展为精准测定分子三维空间结构提供了可能，广泛应用于化学、材料科学和生命科学等众多领域，并在很大程度上推动了这些领域的发展与进步。

  随着X射线单晶衍射技术的发展与普及，随之诞生的是一系列晶体结构解析方法和集成软件。对于早期晦涩枯燥的DOS系统下的命令行模式，人们不仅要记忆必要的晶体结构解析指令，还不得不死记硬背一些DOS指令，这对于非计算机专业人士实属不易。后期出现的ShelXTL软件的诞生，可谓意义非凡。ShelXTL将多个程序进行了整合汇总，初步实现了人机界面交互式的互动，不仅输入简单的特定晶体结构解析指令就可快速查看解析结果，而且还可以快速绘制一些漂亮的晶体结构图。尽管如此，人们还是需要记住一些晶体结构解析的指令，花费一定时间才能完成基本的结构解析。因此，一款上手快、操作简单、实时可视化的晶体结构解析软件的诞生就成了发展的必然趋势。

  本书主要介绍和分享一款可以实现人机实时互动的可视化晶体结构解析软件Olex2，阐述了从衍射数据获取之后到最终获得准确晶体结构的流程和细节。本书并未涉及较为复杂的理论及推导，更倾向于实际问题的解决，有意降低了阅读的门槛，并致力于帮助读者解决在实际工作和科研中遇到的问题。因此，本书主要面向与晶体结构解析相关的化学工作者，尤其是合成、材料以及超分子化学等学科的科研工作者、研究生以及对晶体结构解析技术感兴趣的初学者。

  本书主要由中国科学院大连化学物理研究所张江威、郑州轻工业大学李凤彩、清华大学魏永革编写完成。其中，魏永革编写了第1章，张江威编写了第2章和第3章，李凤彩编写了第4~7章。金文仁、王超、鲁继威、秦召贤、黄毅超、李琦等人员参与了部分校稿工作。本书部分工作受到国家自然科学基金（No 21471087和21225103）资助，在此一并表示感谢。

  作为非专业从事晶体学研究的化学工作者，作者对于X射线单晶衍射测试和解析方面的理解难免有不足之处，书中若有言辞错漏或者不严谨的地方，还望各位专家和读者见谅并不吝赐教。

  书里涉及的相关程序和例子数据，如有需要，可以发送邮件到zjw@tsinghua.org.cn或jiangwei_zhang@foxmail.com，向作者索取。

作者

2020年7月

目 录
CONENTS

第 1 章

1　Olex2 软件的介绍、配置、优缺点及引用

1.1　Olex2 软件的介绍　2
1.2　Olex2 的配置　2
1.3　Olex2 的图形化界面及各个选项卡和按钮的作用　3
1.4　Olex2 基本操作　13
1.5　Olex2 的优缺点　15
1.6　Olex2 的引用　16
1.7　Olex2 的更新　16

第 2 章

17　单晶衍射点数据 APEX3 与 CrysAlis^{Pro} 还原流程

2.1　APEX3 数据还原过程　18
2.2　CrysAlis^{pro} 数据还原过程　28

第 3 章

43　Olex2 软件单晶结构解析整体流程

3.1　建立文件夹，运行 XPREP 程序　44
3.2　利用 Solve 进行初解结构　49
3.3　利用 Refine 进行结构精修　52
3.4　给原子进行编号、排序　54
3.5　原子加氢　55
3.6　精修权重　57
3.7　解析的合理性　58
3.8　生成 cif 文件及检测 cif 文件　59
3.9　产生结构信息报告　61
3.10　总结　62

第 4 章

63　解析实例

4.1　利用 Solve-ShelXS 中的重原子法 Patterson Method 进行解析　64
4.2　置换无序处理　79

4.3 手性晶体绝对构型的确定与翻转　91
4.4 孪晶及孪晶矩阵拆分　99
4.5 无序的处理及限制命令的应用　108
4.6 晶体空间群变换及对称性检查　115

第 5 章
123　cif 文件的详细解析、检测及 CCDC 号的申请

5.1 cif 格式详细讲解　124
5.2 cif 文件的检测　133
5.3 cif 检测出现的 A、B 等类警告的讲解　136
5.4 一些常见 A 类警告及解决办法　140
5.5 CCDC 号的申请　143
5.6 CCDC、ICSD 的使用　149

第 6 章
157　晶体结构画图

6.1 ShelXTL 软件画图　158
6.2 Diamond 软件画图　170
6.3 Mercury 软件画图　175

第 7 章
177　三维拓扑结构分析

7.1 $[Ln(H_2O)_7][Ln(H_2O)_5][Co_2Mo_{10}H_4O_{38}]$ 拓扑结构分析　178
7.2 $(C_2N_2H_{10})_2[Sr(H_2O)_5][Co_2Mo_{10}H_4O_{38}] \cdot 2H_2O$ 拓扑结构分析　186
7.3 $(C_2N_2H_{10})_2[Ba(H_2O)_3][Co_2Mo_{10}H_4O_{38}] \cdot 3H_2O$ 拓扑结构分析　191

198　参考文献

Olex2

第 1 章

Olex2软件的介绍、配置、优缺点及引用

1.1　Olex2 软件的介绍

Olex 2 软件（如图 1-1 所示）是由英国杜伦大学化学系 Dolomanov 教授开发的一款具有解析、精修、画图等多功能的单晶解析软件。该软件是基于 Python 语言，现在已经更新到 1.2.9 版本，软件官网为 http：//www.olexsys.org。

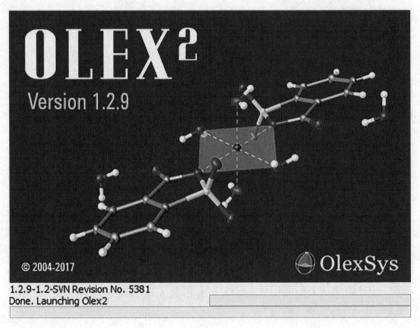

图 1-1

1.2　Olex2 的配置

按照如下步骤进行 Olex2 的配置：

① 首先需要在 http://www.olexsys.org 网站注册。在 Software 中找到 Olex2 或者在 SHELX 官网找到 Olex2，下载 Olex2 的最新版本 1.2.9，根据系统需要可以下载 32 位版本和 64 位版本的 Olex2-installer.exe。

② 双击 Olex2-installer.exe 进行安装，将 Olex2 压缩包解压至一个没有中文字符的文件夹中，运行此程序后可自动通过网络下载 Olex2 并安装。

③ 配置 Shelx 程序，将 Shelx2014 里面的 shelxl.exe、shelxs.exe、shelxt.exe、xprep.exe 文件复制到 Olex2.exe 所在的文件夹中。

④ 在 platon 网站上下载 platon.zip 和 pwt.zip，将 platon.zip 中的 platon.exe 和 check.def 复制到 Olex2 文件夹中，再将 pwt 安装后的 salflibc.dll 复制到 Olex2 文件夹中即可。

⑤ 其他软件如 ShelXD、SuperFlip 等均可被 Olex2 支持，像 shelxl.exe 一样直接复制到 Olex2 所在文件夹中就可以使用了。

最终的配置如图 1-2 所示。

图 1-2

1.3　Olex2 的图形化界面及各个选项卡和按钮的作用

如图 1-3 所示，Olex2 的图形化界面分为菜单栏、图形展示窗口、命令行及图示化主面板。

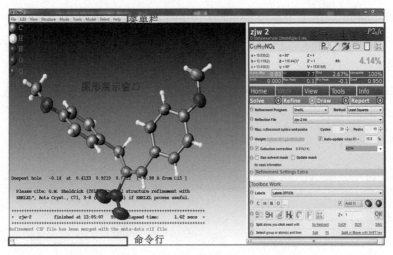

图 1-3

1.3.1 菜单栏

菜单栏包括 File、Edit、Mode、Structure 等。

1.3.2 命令行

图 1-3 窗口最下方 >> 处是输入命令的位置，常用的命令有 edit XXX（可以输入 edit ins 等命令用来编辑 ins 等文件）、inv -f（翻转构型）、spy.olexplaton（U）（验证 cif）等。

1.3.3 图示化主面板

图 1-3 右边的图示化主面板包括精修结构，如图 1-4 所示。

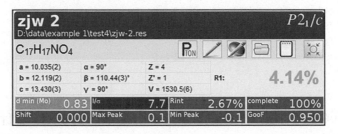

图 1-4

其中 是 Platon 程序； 是 ins 文件，可以打开输入命令，输入 acta、conf、BOND $h 等命令； 是 res 文件，可以打开查看原子的信息。Olex2 图示化界面有一个颜色指示。绿色显示的参数表示非常好；暗绿色或者黄色表示接近好；红色表示可疑的，应该重视。

1.3.4 图形用户界面面板

Home 选项卡（教程，设置等）、Work 选项卡（精修相关）、View 选项卡（结构显示）、Tools 选项卡（工具相关）和 Info 选项卡（展示信息）。各个选项卡和按钮的作用：每个常用按钮前面标记有个 ⓘ，点击它会显示工具的使用技巧及有用的帮助信息。

（1） Home 选项卡

① Home 选项卡 >Start 选项卡中包含四个选项。分别为：

Open Existing Structure or Data File：打开文件，也可用 Ctrl+O 代替。

Sample Structures：一些实例，可以看看。

Documentation：帮助文档，与命令有关，多数可以用按钮代替。

GUI Width：调整界面大小。

② Home 选项卡 >Tutorials 选项卡中各种的教程如图 1-5 所示，点击就可以按照步骤操作。

例如点击 QUICK DEMO，就会出现图 1-6 所示界面，点击 Next 可以看到一步步详细的操作说明。

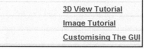

图 1-5　　　　　　　　　　图 1-6

③ Home 选项卡 >Setting 选项卡中都是一些关于 Olex2 的设置，除了 Background 之外其他不建议改变。

Home 选项卡 >Tutorials 选项卡、Extension Module 选项卡、News 选项卡不常用。

（2）Work 选项卡

包含下面这些选项卡，分别对它们进行介绍。

Solve 选项卡

Work 选项卡 >Solve 与解粗结构有关，包括如图 1-7 所示选项。

图 1-7

Solution Program：解析程序，可以选择 ShelXS、ShelXT、ShelXD、Superflip、SIR、XS、Olex2.solve 等多个选项（前提是已经安装或配置相应程序）。

Solution Method-ShelXS-Direct Methods：直接法，当结构中重原子较多时或者没有重原子（如有机体系）均适用。

Solution Method-ShelXS-Patterson Methods：重原子法，适用于结构中含有一个或两个重原子的体系。当含有过渡金属、贵金属时，用直接法解不了，可以尝试用重原子法；当衍射数据质量较好时，也可应用于含有多个重原子的结构。

Solution Method-ShelXS-Structure Expansion：结构扩展法，用得比较少。

Solution Method-ShelXT-Intrinsic Phasing：新算法，自动寻找空间群和元素定位，会出来初始结构，但原子有可能定错，一般仅用于质量较好的衍射数据。

Solution Method-ShelXD：解析像蛋白质这样的大分子结构，也可用于分辨率不高的不含金属的小分子有机晶体。

Solution Method-Superflip：降低空间群法，解出初始结构。对于对称性特别高的空间群的结构，解不出来，可以用 Solution Method-Superflip-Change Fipping 程序，去掉对称元素，按照低空间群来解；即使选择高的对称性，也会降低空间群来解。降低空间群来解出初始结构，再根据对称性升为高的对称性。升空间群的方法：打开 pwt 程序 -file-Select Date File-cif-start-Graphical Memu，进入 platon

界面 -newsyn- 找更高对称性，寻找新的高空间群（通过矩阵转换得到的）-platout 文件，寻找到新的空间群（建议的空间群都可以试试）- 寻找有对称元素的那个 -addnewsyn- 形成新的 ins 文件。这些方法各有千秋，不是谁可以替代谁的问题。后面我们会结合实际例子来灵活应用这些方法。

Solution Method：解析方法，可以选择直接法 Direct Methods 或者重原子法 Patterson Methods（对应 ShelXS）。

Reflection File：衍射文件，多数时候只有一个，当去除溶剂时可能有多个，注意选择。

Chemical Composition：化学组成，与 ins 中给出的组成相同，可以在 ins 中更改。

Z and Z'：Z 值，可在 ins 中更改。

Space Group：显示了当前空间群，有时无法解析时可以点击 Suggest SG，给出其他空间群尝试。

Solution Settings Extra：给出了解析程序的一些参数，按需修改。当使用 SIR 时可以将其中 GUI 选项打勾，当使用 SIR 时可以看到图形界面。

Refine 选项卡

Work 选项卡 >Refine 同精修有关，包括如图 1-8 选项。

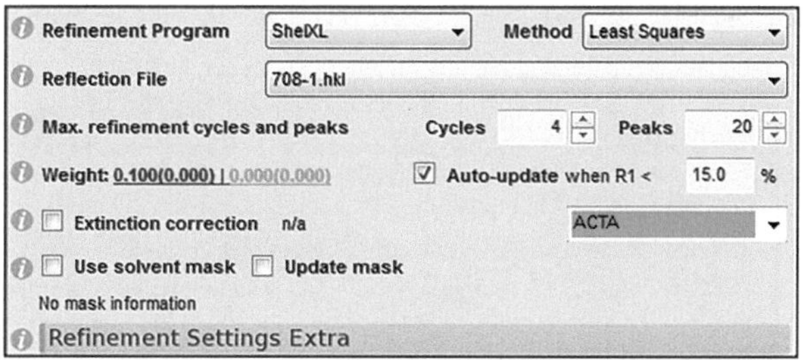

图 1-8

Refinement Program：精修程序，一般选 ShelXL。

Method：精修方法，选最小二乘法 Least Squares 就可以，cgls 法一般用于原子数目较多的体系的中段精修，可以节省时间。

Reflection File：衍射文件，多数时候只有一个，当去除溶剂时可能有多个，注意选择。

Max. refinement cycles and peaks：精修轮数和 Q 峰，cycles 表示精修轮数，

Peaks 表示 Q 峰数目，根据需要手动更改。

Weight：权重，精修最后阶段后面打勾精修即可。

Extinction correction：精修时提示 EXTI 时，勾选后精修即可。

Use solvent mask：溶剂扣除，最好使用 Platon 的 Squeeze，Olex2 自带的这个选项不能生成 cif 文件。

Refinement Settings Extra：一些精修的参数，如 L.S.、PLAN、FMAP 等，根据需要可自行修改。

Draw 选项卡

Work 选项卡 >draw 与画图有关，包括如图 1-9 所示选项。

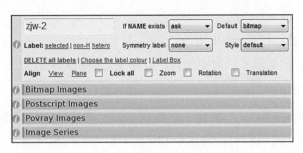

图 1-9

Report 选项卡

Work 选项卡 >Report 与报告有关，同 XCIF 作用一样，如图 1-10 所示。

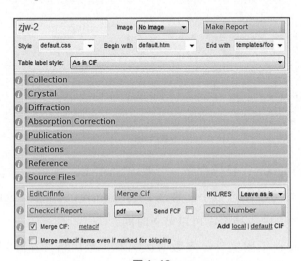

图 1-10

Report 按钮部分，中间各个灰条按钮内容为晶体测试设备以及测试条件参数，若原始数据中相关记录缺失可手动添加。灰条按钮内容从 Collection 直到 Reference 等信息被完成后可以由 Olex2 自动生成 cif 文件，然后合并（Merge CIF 按钮，不够可用 add CIF 添加）到精修生成的 cif 文件中去。最后点击 Checkcif 按钮可以在线验证 cif 文件。

Merge CIF 按钮右侧的选项为是否在 cif 文件中包含衍射数据，可根据需求进行选择。Merge CIF 完成后会以记事本窗口形式打开 cif 文件，此时可以对内容进行确认并手动增补、修改内容。

生成报告的方法：直接点击 Report 或者 Make Report 按钮，可以生成报告而查看键长、键角值（第二行 Style 和 Begin with 选择 default，End with 选择 footer）。

Toolbox Work 选项卡

Work 选项卡 >Toolbox Work 为一些常用的小工具，如图 1-11 所示。

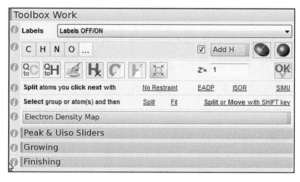

图 1-11

Labels：原子标记选项，可以选择各个原子的各种类型的标记，包括原子编号、占有率、限制种类等。

C H N O …：原子类型指定，点击选中原子或者 Q 峰后再点击图中的 C H N O 可以将选中原子或者 Q 峰指定为相应类型，如果未给出可点击…选择其他类型。

Add H：分别为加氢、各向异性、各向同性精修。

：分别为全部 Q 峰标记成 C、全部 Q 峰标记成 H、整理结构、删除所有氢、隐藏所有 Q 峰（未删除）、隐藏所有 H（未删除）、分子居中、设定 Z' 值，更新 ins 中原子数目。

Split：处理无序常用工具，点击后可将所选中的原子或基团裂分为两个部分。具体操作将在之后章节详述。

Peak & Uiso Sliders：

Peaks：根据强度选择显示 Q 峰。其中，向左滑动，显示强度处于所选百分比的强峰；向右滑动，显示强度处于所选百分比的弱峰。

Uiso Select Atoms：选中温度因子低于所选值的原子。

Growing：可选择根据不同规则整理结构。

History 选项卡

Work 选项卡 > History 选项卡涉及数据回滚功能，如图 1-12 所示。

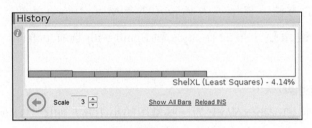

图 1-12

直接点击 History 选项卡中的绿色方块（也有可能是红色、黄色、紫色等其他颜色的方块，颜色取决于精修的 R1 值）可以回滚到之前精修的状态，如图 1-13 所示，前提是没有删除文件夹中的 .olex 文件夹。

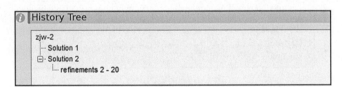

图 1-13

History Tree：如果解析了多次，可以点击不同的 Solution 选择不同的解析结果。

Select 选项卡

Work 选项卡 > Select 选项卡：可以进行原子的选择、删除等，一般用鼠标进行这些操作，如图 1-14 所示。

图 1-14

Naming 选项卡

Work 选项卡 > Naming 更改原子编号，如图 1-15 所示。

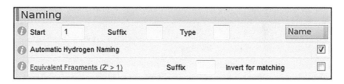

图 1-15

Start 表示从几号开始，必填。Suffix 表示下标，选填。Type 表示原子类型，必填。然后在 Automatic Hydrogen Naming 后面打勾。填完后按 Name 按钮开始点击命名。每命名一个原子，原子编号自动加 1。命名完成后点击 ESC 退出命名模块。Refine 一次所有原子命名就改了。

Sorting 选项卡

Work 选项卡 > Sorting 进行原子编号排序，如图 1-16 所示。

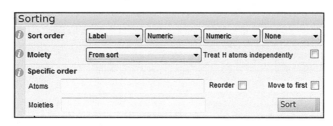

图 1-16

一般按照标签（Lable）、序号（Numeric）进行排序。

（3） View 选项卡

Quick Drawing Styles 选项卡

多种画图模式，常用的有球棍图、椭球图、线图等。

Graphical objects: 从左到右分别为显示晶胞、显示基向量、标记晶胞、标记所有分子。

Symmetry Generation 选项卡

该选项卡下有三个模块 Symmetry Tools（如图 1-17 所示），Growing（如图 1-18 所示），Packing（如图 1-19 所示）。

Symmetry Tools：常用的有 Fuse 和 Grow All 按钮，当不对称单元中只有半个分子时可以使用 Grow All 显示全部分子，再按 Fuse 可以聚合到只剩一个不对称单元。

图1-17

Growing：用 Grow All-Short 查看氢键网络，如图 1-18 所示。

图1-18

Packing：可以在 ABC 三个方向上选择不同比例堆积，如图 1-19 所示。

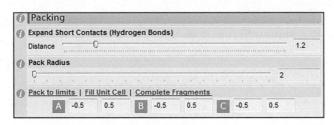

图1-19

Geometry 选项卡

几何计算工具，可以计算平均平面、两点距离、角度、π-π 堆积作用，如图 1-20 所示。

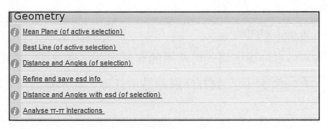

图1-20

Rotate 选项卡

Rotate 为旋转工具，可以选择旋转角度、旋转速度、旋转方向，如图 1-21 所示。

（4） Tools 选项卡

① Image 画图：可以画位图、Postscript、Povray 和动图，还可以选择分辨率，

使用很方便。

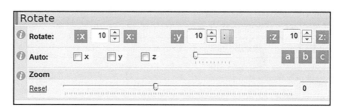

图 1-21

② Chemical tools：一些计算元素比例、分子体积的小工具。

③ Olex2 constraints restraints Olex2：自带的限制工具，一般不用。

④ Shelx compatible constraints & restraints：Shelx 的限制工具，在操作方法之后会详细介绍。

⑤ Hydrogen Atoms：加氢方式，分别选择相应氢种类的按钮，然后点击相应原子即可，选择完后按 ESC 退出选择模式。

⑥ Disorder：无序处理工具，在操作方法之后会详细介绍。

⑦ Maps：可以计算晶体中的空洞，计算去除溶剂。数据的计算论文推荐用 Platon。

⑧ Twinning：孪晶工具，与 Platon 一起检测。

⑨ Overlay：叠加工具，可以将同一晶体或不同晶体中多个分子叠加。在操作方式之后详细介绍。

（5）Info 选项卡

① Electron Density Peaks：列出了 Q 峰的强度。

② Refinement Indicators：显示精修的一些结果。

③ Bad Reflections：点击 Omit 按钮直接删除 Error/esd 大于 5 的点，点击 Clear Omits 的点清除删点。也可以点击每个衍射后面的 Omit 删除这些点。

④ Reflection Statistics：一些与诊断有关的衍射图，仅与衍射数据有关，与结构和精修无关，常用来诊断衍射数据是否有问题。

1.4 Olex2 基本操作

Olex2 的基本操作及功能见表 1-1。

表 1-1　Olex2 的基本操作及功能

快 捷 键	功　　能
Kill $q	删除所有 Q 峰
选择一个原子，双击左键	全选所有原子
Ctrl+z	退回前一步
Uniq-Grow-fuse-fmol	孤立 - 长全 - 还原 - 全部还原
F2，F4，Ctrl+t	切换调节背景
F2	切换背景颜色
F3	显示 / 隐藏原子标签
F4	显示梯度变化的背景颜色
F5	激活 Work 标签
F6	激活 View 标签
F7	激活 Tools 标签
F8	激活 Info 标签
ESC	取消选择或退出当前 MODE 操作
Ctrl-A	选择所有
Ctrl-G	进入 Grow 模式
Ctrl-R	精修
Ctrl-T	切换"显示 / 隐藏分子和背景文字"模式
Ctrl+Q	切换"不显示 Q 峰 / 显示独立的 Q 峰 / 显示连接的 Q 峰"显示模式
Ctrl+H	切换显示 / 隐藏 H 原子
Ctrl-Z	撤销操作
matr n（n=1、2 或 3）	轴向，1、2、3 分别为 a、b、c 轴方向
qual（-l，-m，-h）	设置画图的质量低中高
Cell	显示晶胞
信息处理的操作	**功　　能**
Envi atom	2.7Å 范围内的键长键角的原子（1Å=10^{-10}m）
Fvar	展现变量
Sel atom/obj	选择原子或者基团
分析的操作	**功　　能**
Mpln atoms	建立平面，至少三个原子
Cent atoms	质心，至少 2 个原子
Pipi	分析 π-π 堆积作用
Htab	分析氢键，将 htab 添加到 ins 文档中
无序处理的操作	**功　　能**
Part n atoms	指定所选的原子为哪部分
Split	分裂原子为两部分，共用占有率
Mode fit atoms	移动原子

无序处理的操作	功能
EADP atoms	限制非正定原子与所选原子相平
Sadi bonds	限制所选的键相似，esd=0.02
Sadi atoms（2n）	限制所选的原子对间的键长相似，esd=0.02
Sadi atom（1，2）	与该原子相连的键长限制成相似，esd=0.02
Dfix d bonds	限制键长
Dfix d atoms（2n）	限制原子对间键长相似
Dfix d atom（1）	与该原子相连的键长限制成相似
Simu d atoms	限制 1，2 和 1，3 原子对的 ADPs 相似
Delu atoms	刚性限制
Isor atoms	限制非正定的原子为合理的各向异性
Flat atoms（至少 4 个）	限制成一个平面
文档的操作	功能
Reap/close	打开、关闭文档
Save model	将目前的模型和显示设置保存到一个 ".oxm" 文件中
Edit [file type]	编辑目前的 ins、res、cif 文件
模型建立的操作	功能
Grow-Fuse	展现不对称单元
compaq	移动所有原子尽可能地堆积
move	移动所有片段尽可能堆积到晶胞中心
Grow	不完整的部分长全

1.5　Olex2 的优缺点

如图 1-22 所示，Olex2 同 ShelXTL 类似，均为集成的晶体解析软件，具有解析、精修、画图等多种功能，有以下优缺点：

① Olex2 具有美观的图形界面，可以用鼠标操作，使用起来方便快捷。而 ShelXTL 大多数时候只有一个黑洞洞的屏幕，且需要使用键盘输入命令，略烦琐。

② Olex2 具有方便的数据回滚功能，当进行多次尝试时可以直接回滚，无需手动保存。

③ Olex2 扩展性强，可以方便调用多种解析和精修软件，而且可以直接调用 Platon。ShelXTL 只能使用自带的 xs 和 xl 软件。

④ Olex2 虽然自带多种实用工具，如 Solvent mask 和 Twinning 等，但是这些工具多半有瑕疵，用于论文写作时不推荐使用，去除溶剂和孪晶最好用 Platon 代

替。虽然 ShelXTL 自带的工具较少，仅有 Xprep、XP 等，但可以帮我们解决许多问题。

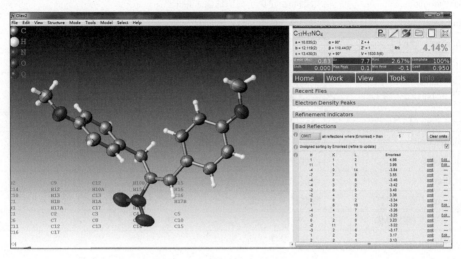

图 1-22

1.6 Olex2 的引用

在文中引用 Olex2 的文献为 Dolomanov O V, Bourhis L J, Gildea R J, Howard J A K and Puschmann H. OLEX2: a complete structure solution, refinement and analysis program. J Appl Cryst, 2009, 42: 339-341.

1.7 Olex2 的更新

Olex2 可以自动通过互联网更新。点击 Help-Update options（图 1-23），可以在弹出菜单中选择自动寻找更新频率和关闭自动更新功能。

图 1-23

Olex2

第 2 章

单晶衍射点数据 APEX3 与 CrysAlis^Pro 还原流程

单晶最原始数据是衍射点图片数据，在进行相关解析流程前需要对衍射点图片数据（如图 2-1 所示）进行数据还原。

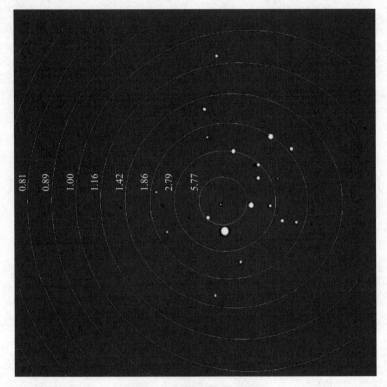

图 2-1　单晶衍射点图片数据

常见的单晶衍射点图片格式有 Rigaku Agilent Oxford（.img），Bruker（.sfrm），SSRF BL17B（.mccd）以及新型配置金属射流（MetalJet），利用 Ga Kα 辐射（$\lambda=1.34138$）的衍射仪（.rodhypix）。

2.1　APEX3 数据还原过程

（1）打开 APEX3 软件

在 New Sample 下拉菜单中新建一个文件，并设置文件名和文件保存路径，如图 2-2 所示。

（2）确定晶胞参数

在建立好文件之后，首先需要确定晶体样品的晶胞参数。点击 evaluate 一栏中的 出现如图 2-3 所示界面。

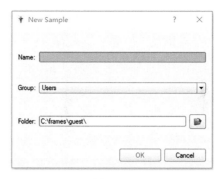

图 2-2

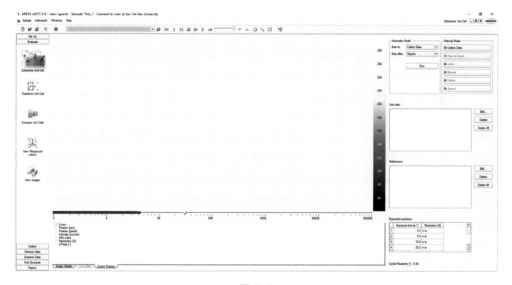

图 2-3

点击界面左上方文件夹图标 ，打开文件管理器，如图 2-4 所示。

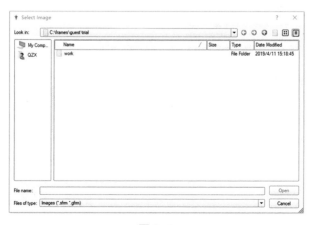

图 2-4

第 2 章　单晶衍射点数据 APEX3 与 CrysAlis^{Pro} 还原流程

找到衍射图片所在位置，并打开第一张衍射图片，如图 2-5 所示。值得说明的是，Bruker 单晶衍射仪在收集数据时首先会收集 36 张衍射图片，用于确定晶体样品的晶胞参数。这 36 张衍射图片的命名大都以 matrix 开头，与最后数据收集时衍射图片的命名规则是不一样的，这点需要注意！

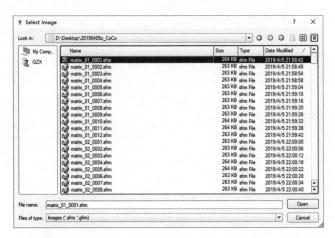

图 2-5

在打开的衍射图片中可以清楚地看到晶体衍射点，通过控制栏的对应按钮可以实现对衍射图片进行各种操作，如图 2-6 所示。

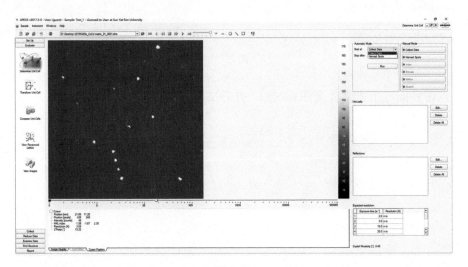

图 2-6

在窗口的右上侧列出了进行数据分析的各个步骤，依次包括 Collect Data、Harvest Spots、Index、Bravais、Rifine 和 Search 等步骤，如图 2-7 所示。

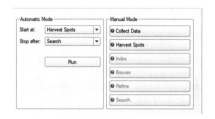

图 2-7

对于已有的衍射数据，无需再次进行数据收集，可直接跳过 Collect Data，从第 2 步 Harvest Spots 开始。手动逐步完成，亦可由软件一次性自主完成，即将 Start at 后面的操作改为 Harvest Spots，Stop after 后面的操作改为 Refine（未曾配置晶体数据库的系统，不能进行最后的 Search 环节）后，点击 Run 即可开始分析样品的晶胞参数，如图 2-8 所示。

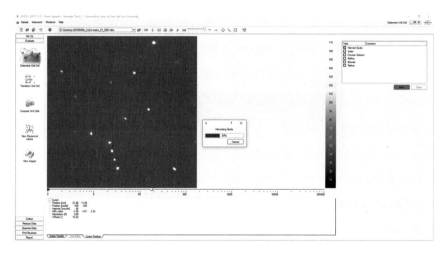

图 2-8

分析完毕之后，在窗口的右侧会出现如图 2-9 所示的结果。

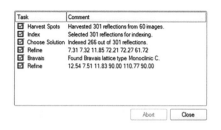

图 2-9

点击 Close 按钮，返回到主界面，如图 2-10 所示。

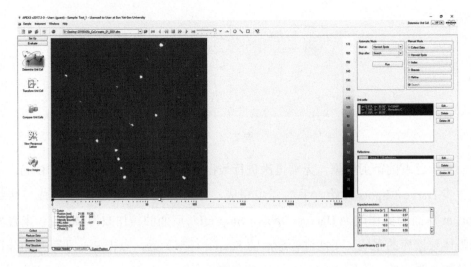

图 2-10

在主界面右侧可以清楚地看到晶体的各晶胞参数,确定晶胞参数所用的衍射点数目等信息。并且通过 Edit 对给出的晶胞参数进行调整,如图 2-11 所示。

图 2-11

点击 Reduce Data 一栏,点击 ,出现如图 2-12 所示窗口,开始对衍射图片

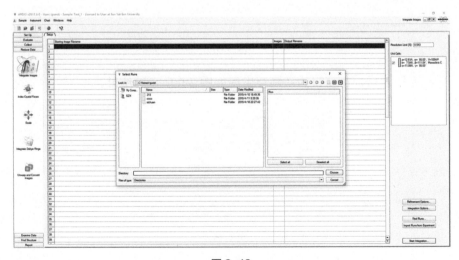

图 2-12

进行积分处理。点击界面右下角的 Find Runs... 按钮，调出文件管理器窗口，找到衍射图片所存放的位置，如图 2-13 所示。

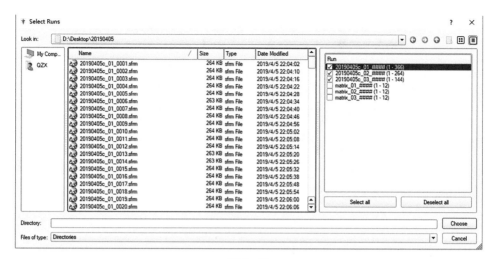

图 2-13

需要注意的是，在这里只选择前三轮数据，如图 2-14 所示。后面以 matrix 开头命名的三轮数据是数据收集时确定晶胞参数和数据收集策略用的，不用于数据还原，所以不选择。正确选择数据之后，回到主界面。

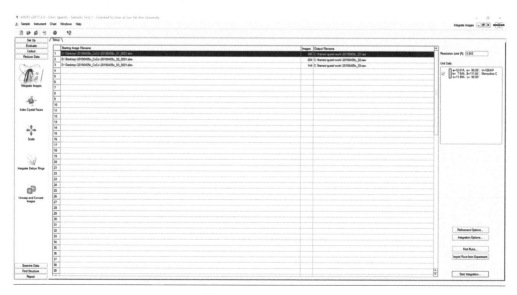

图 2-14

在这个窗口中，可以按需要更改每一轮数据的开始图片和每一轮中用于数据积分的衍射图片张数，如图 2-15 所示。

	Starting Image Filename	Images	Output Filename
1	D:\Desktop\20190405\20190405c_01_0001.sfrm	366	C:\frames\guest\trial\work\20190405c_01.raw
2	D:\Desktop\20190405\20190405c_02_0001.sfrm	264	C:\frames\guest\trial\work\20190405c_02.raw
3	D:\Desktop\20190405\20190405c_03_0001.sfrm	144	C:\frames\guest\trial\work\20190405c_03.raw
4			

图 2-15

在开始数据积分之前，在界面的右上角，可以根据需要对 Resolution 的数值进行设置，默认值为 0.85。此外，还可以通过 Refinement Options...（如图 2-16 所示）和 Integration Options...（如图 2-17 所示）选项对 Refinement 和 Integration 过程进行限制和约束，一般情况下，保持默认设置即可。

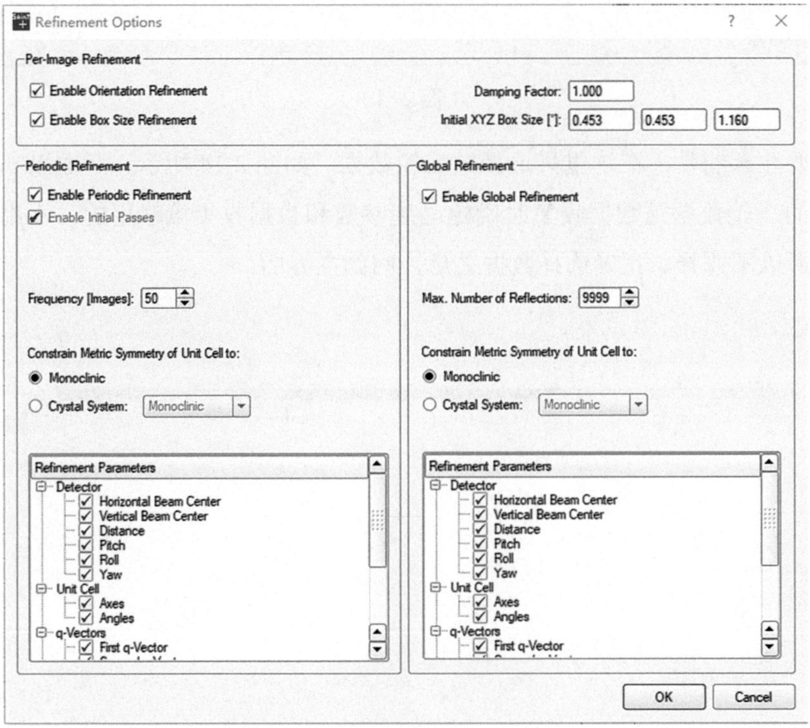

图 2-16

最后，点击右下角的 Start Integration... 按钮，开始数据积分，如图 2-18 所示。

在数据积分窗口，可以通过 Average correlation coefficient 等参数对晶体数据的质量进行直观的判断。待数据积分结束后，点击 Index Crystal Faces 按钮，对积分结果进行后处理并生成 hkl 文件，如图 2-19 所示。

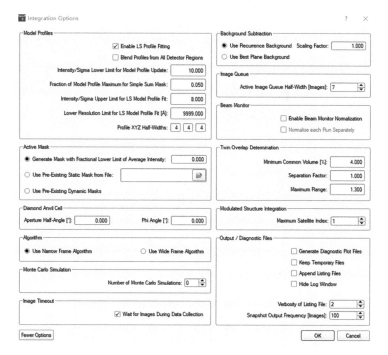

图 2-17

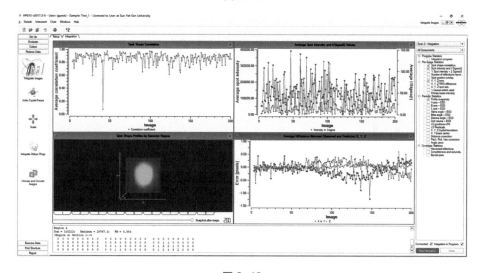

图 2-18

需要注意的是,最好要在右侧确认所选用数据是否为上一步积分所产生的数据(如图 2-20 所示),以免出错。

确认无误之后,保持其他条件不变,点击界面右下角 Start 按钮,弹出如图 2-21 所示界面。

第 2 章 单晶衍射点数据 APEX3 与 CrysAlis^{Pro} 还原流程 **25**

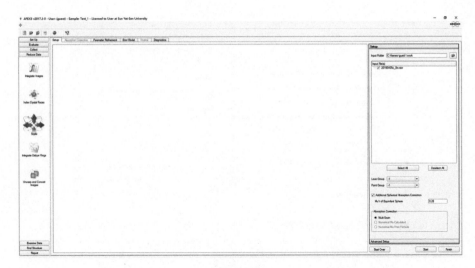

图 2-19

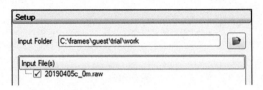

图 2-20

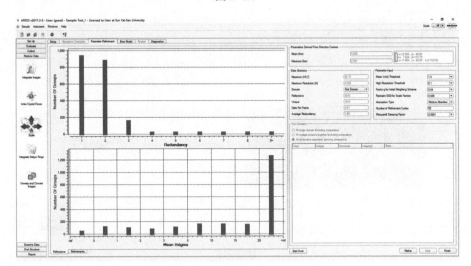

图 2-21

点击 Refine，观察数据是否收敛，如图 2-22 所示。

如果数据收敛，接着点击 Next 进行下一步，点击 Error Model 按钮，在界面右下角可以看到每一轮衍射数据的质量，如 R（int），I/s（lim）等参数（见图 2-23）。对于不理想的数据可以不选择，之后点击 Repeat Parameter Refinement 按钮，重新精修。

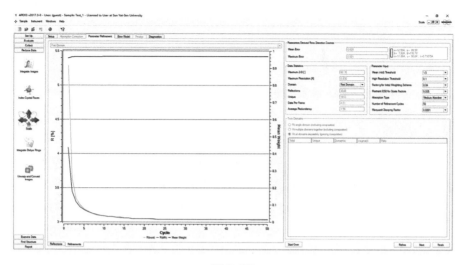

图 2-22

Scan	Fast Scan	Domain	2-Theta	R(int)	Incid. Factors	Diffr. Factors	K	g	I/s(lim)	Total	I>2sig(I)
☑ 1	☐	1	-30.0	0.0142	0.828 - 1.131	0.905 - 1.140	0.766	0.0190	52.5	2095	1901
☑ 2	☐	1	-30.0	0.0158	0.874 - 1.025	0.905 - 1.098	0.851	0.0190	52.5	1491	1326
☑ 3	☐	1	-30.0	0.0139	0.816 - 1.078	0.916 - 1.084	0.782	0.0190	52.5	796	735

图 2-23

如果结果比较理想，可以直接点击 Finish 结束衍射数据还原过程（如图 2-24 所示）。

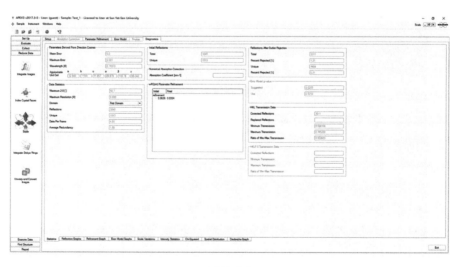

图 2-24

第 2 章 单晶衍射点数据 APEX3 与 CrysAlis^{Pro} 还原流程

至此，就完成了对衍射数据的还原过程，并将结果以 p4p、hkl 等类型文件的形式保存，这些文件中所记录的实验条件和结果可以直接由晶体解析软件读取并使用。

2.2　CrysAlis^{pro} 数据还原过程

点击 图标，打开离线版 CrysAlis 软件，弹出如图 2-25 所示界面。

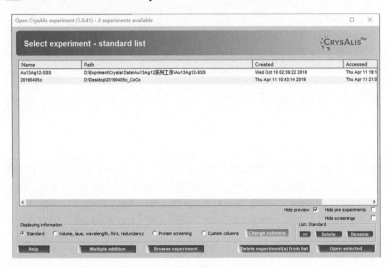

图 2-25

选择任意一套数据，点击 按钮打开，出现如图 2-26 所示界面。

图 2-26

在界面的左侧菜单栏中，点击 按钮，弹出如图 2-27 所示对话框，开始导入待还原的衍射图片。

根据衍射图片的格式，选择合适的选项。一般情况下，衍射图片的格式是已知的，所以选 Known image format (with valid image headers) 即可。然后点击 Ok，出现新的对话框，如图 2-28 所示。

 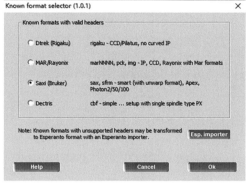

图 2-27　　　　　　　　　　　　图 2-28

根据衍射图片格式，选择合适的选项（每个选项后面均有格式说明）。我们以 Bruker 仪器收集到的 sfrm 类型衍射图片为例，应该选择第三项，即 Saxi（Bruker），点击 OK，弹出如图 2-29 所示对话框。

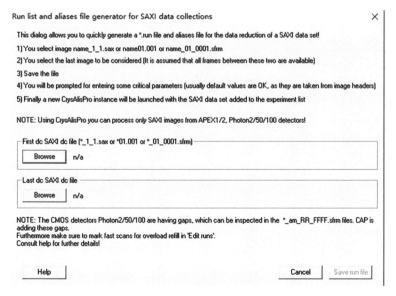

图 2-29

在窗口上侧有具体的操作顺序和要求。点击前一个 Browse 按钮，找到衍射图片的存储位置，开始导入第一张衍射图片（如图 2-30 所示），该衍射图片的命名必须要符合软件的要求。

图 2-30

点击 打开(O) 按钮，完成第一张衍射图片的导入，如图 2-31 所示。

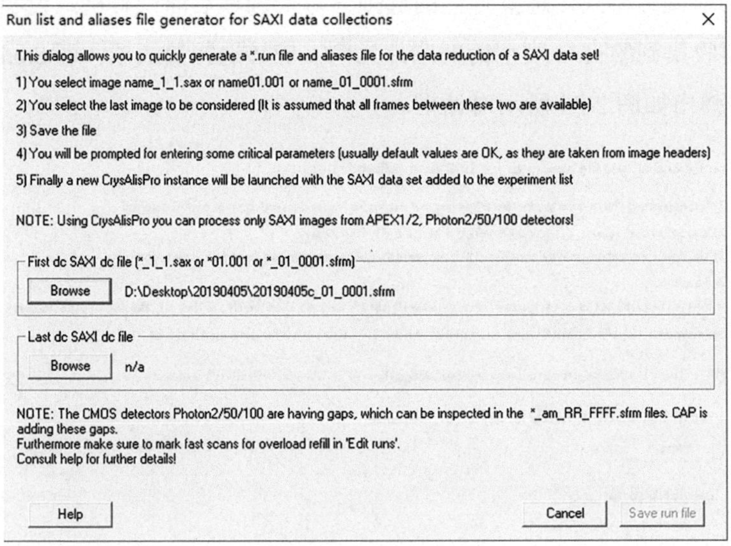

图 2-31

类似的，点击下一个 Browse 按钮并导入最后一张衍射图片，如图 2-32 所示。

值得注意的是，和 APEX 数据还原类似，导入的衍射图片是正式收集的衍射图片，而非确定晶胞参数所用的衍射图片。此外，必须要保证导入的第一张至最后一张衍射图片的所有衍射数据，其命名都是按照同一个命名规则命名的，并且图片命名的数字必须是连续的，否则会出现如图 2-33 所示的错误提示。

图 2-32

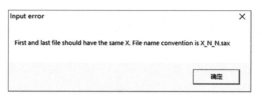

图 2-33

正确导入数据之后，结果应该如图 2-34 所示。

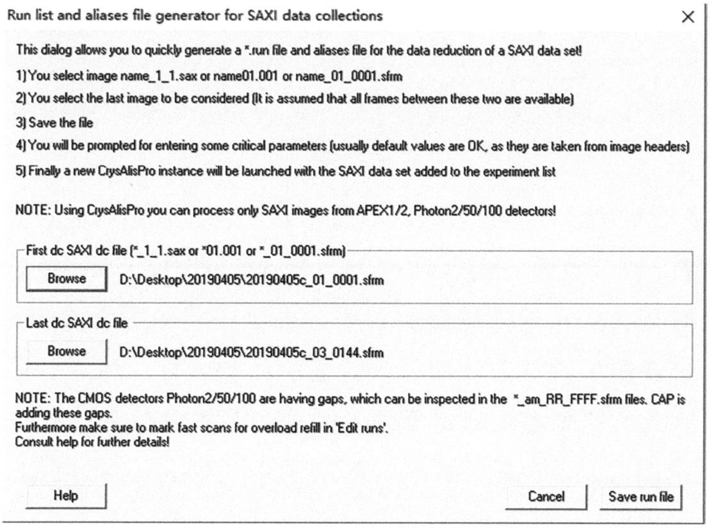

图 2-34

而后，点击 Save run file ，弹出新的对话框，分别是开始角度、探测器距离、波长、x 轴和 y 轴的中心数值（beam center），如图 2-35 所示。

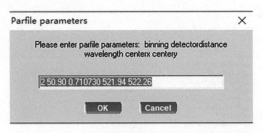

图 2-35

这些数据一般是从第一张衍射数据中读取出来的，一般不会出错，可以直接点击 OK ，进行下一步操作。随后会重新打开一个软件窗口，并弹出数据选择窗口，如图 2-36 所示。

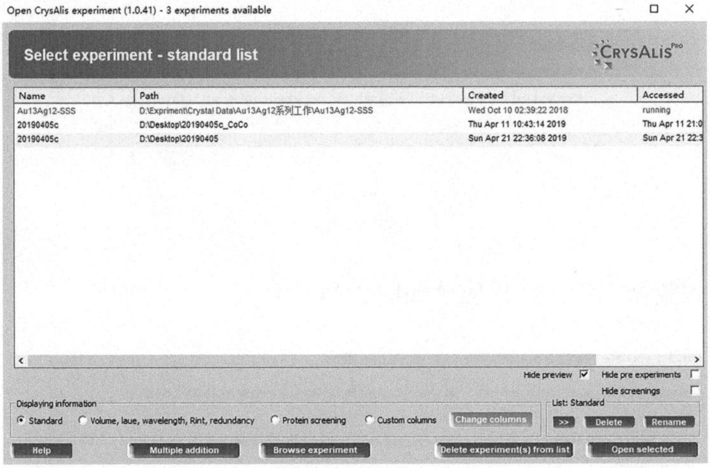

图 2-36

此时选择我们刚才导入的数据，即编号为 20190405 的样品数据，还是点击 Open selected ，打开数据，至此我们就可以看到衍射图片了（如图 2-37 所示）。

这时我们会看到在软件界面的右侧 Crystal 一栏下方会有一组晶胞参数，但是要注意该晶胞参数并非我们导入数据的晶胞参数，而是之前一组数据的晶胞参数。因此，首先需要确定所导入数据的晶胞参数。点击软件界面右侧 Crystal RED 按钮，弹出如图 2-38 所示的选项，点击 "Full auto unit cell finding"。

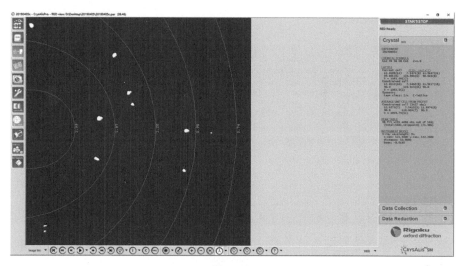

图 2-37

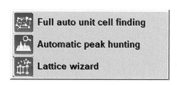

图 2-38

软件可以自动寻找晶体数据晶胞参数,如图 2-39 所示。

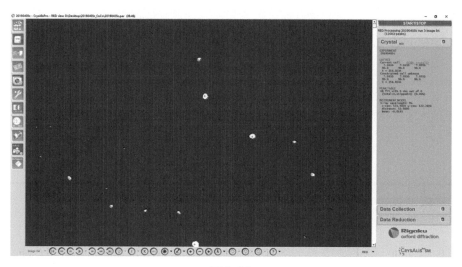

图 2-39

结束之后得到的晶胞参数同样显示在软件界面的右侧。如图 2-40 所示,这一结果与我们通过 Apex 软件所得到的结果是一致的。图 2-40 为 CrysAlis 软件和

Apex 软件晶胞参数对比图。

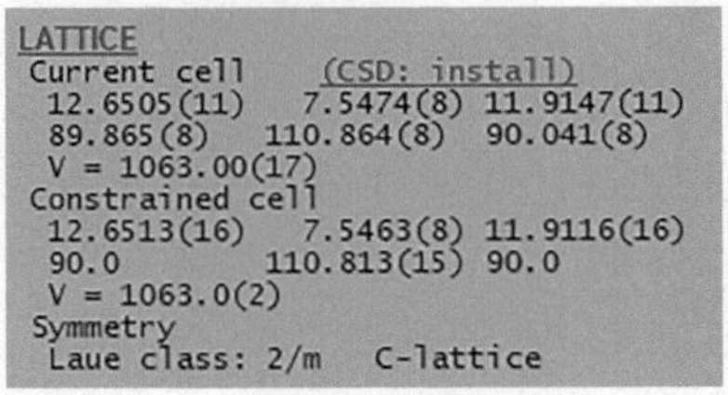

(a) CrysAlis软件晶胞参数 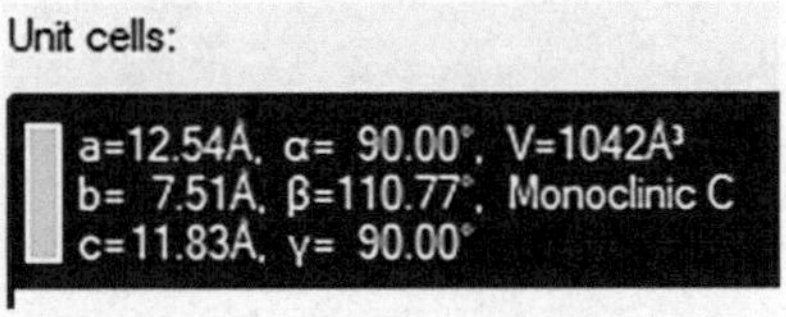　　　　　(b) Apex软件晶胞参数

图 2-40

在得到正确的晶胞参数之后才可以进行数据还原，也只有这样，得到的数据才有意义。点击软件界面右侧的 Data Reduction 按钮，进入数据还原操作界面，内容如图 2-41 所示。

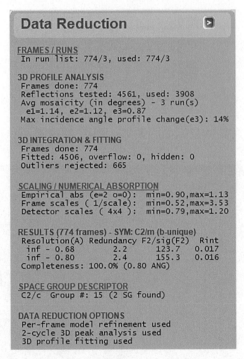

图 2-41

其中记录了衍射实验过程中的一些参数，比如 runs、frames、reflection collected/used、吸收矫正细节等参数。点击 FRAMES/RUNS In run list: 774/3, used: 774/3 按钮，会弹出如图 2-42 所示界面，包含了衍射数据的详细信息，可以根据需要有选择地删减收集到的衍射数据。

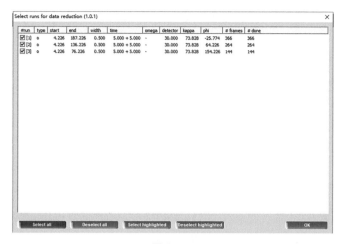

图 2-42

再次点击 Data Reduction 按钮，在弹出的对话框中选择第一项 "Automatic data reduction with current cell"，即自动开始数据还原，如图 2-43 所示。

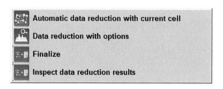

图 2-43

在数据还原过程中，数据还原一栏中会同步显示出数据还原的结果，如图 2-44 所示。

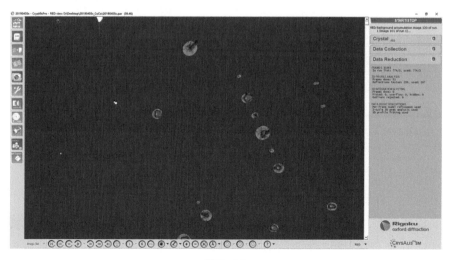

图 2-44

第 2 章　单晶衍射点数据 APEX3 与 CrysAlis^{Pro} 还原流程

在 Results 一栏中，可以直接看出数据的分辨率、信噪比、冗余值、Rint 以及完整度等信息。比如该例中的对应参数如图 2-45 所示。

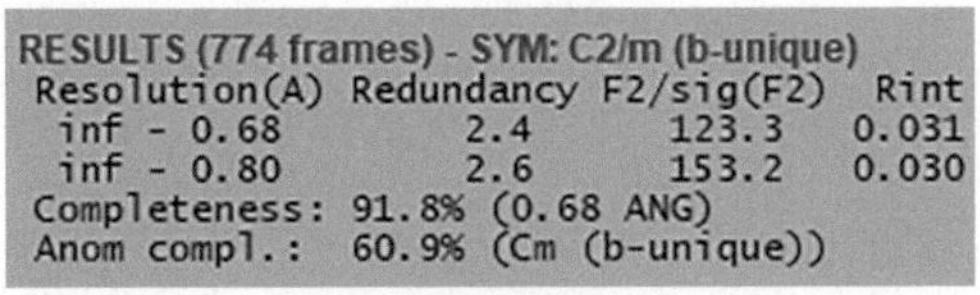

```
RESULTS (774 frames) - SYM: C2/m (b-unique)
Resolution(A)  Redundancy   F2/sig(F2)   Rint
 inf - 0.68       2.4         123.3      0.031
 inf - 0.80       2.6         153.2      0.030
Completeness: 91.8% (0.68 ANG)
Anom compl.: 60.9% (Cm (b-unique))
```

图 2-45

当然，在数据还原之初，也可以选择"data reduction with options"，这样就与 Apex 软件的数据还原很类似了，可以加深对每一步操作的认识。

第 1 步，建立方向矩阵，如图 2-46 所示。

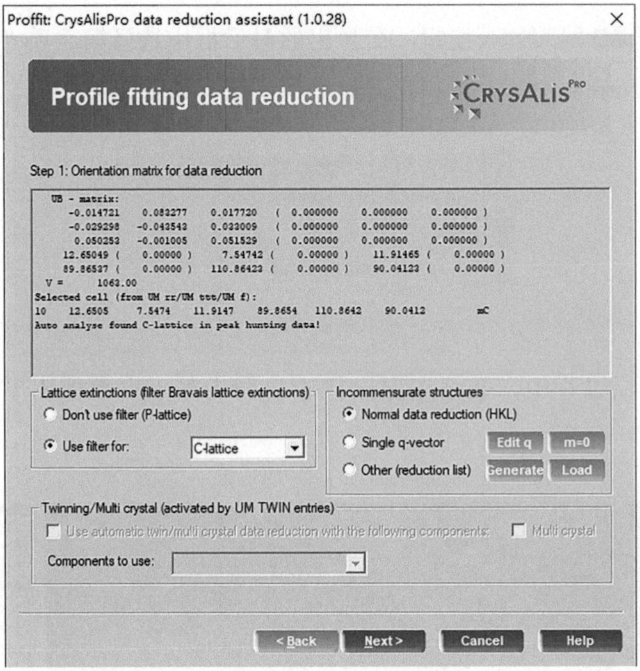

图 2-46

第 2 步，数据还原的实验列表，如图 2-47 所示。

第 3 步，确定基本算法参数，如图 2-48 所示。

第 4 步，背景评估。如图 2-49 所示，确定背景噪声强度。要想得到一个较为精准的积分强度，做好背景评估是十分有必要的。影响背景评估的因素主要有两个：评估范围（Re）和重复频率（Fr），默认数值均为 50。当衍射数据信号比较弱时，Background for 3D integration 选项卡可以选择"Smart background"。

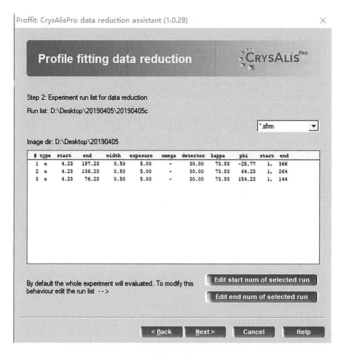

图 2-47

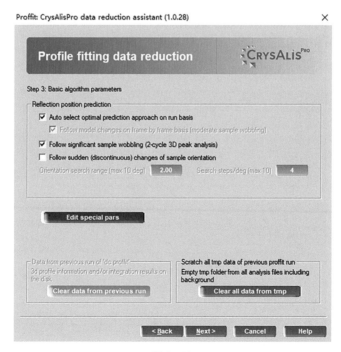

图 2-48

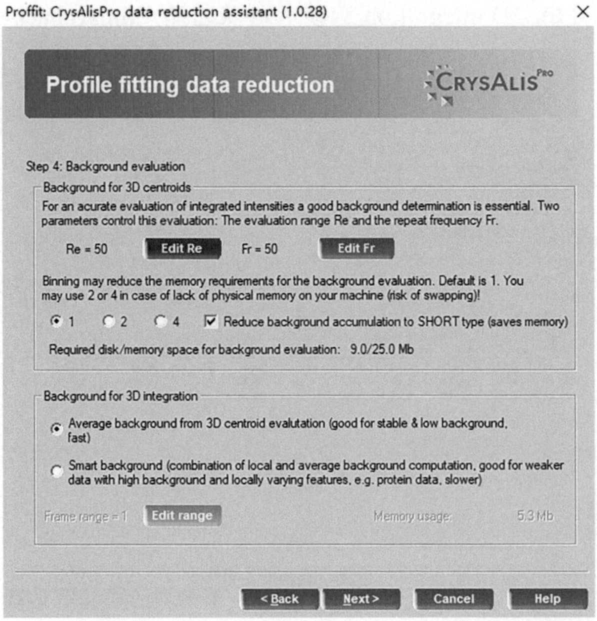

图 2-49

第 5 步，异常值排除。CCD 收集到的数据往往比确定晶体结构所需独立衍射数据多，这些多余的衍射数据可以用于检测测试的异常值，如图 2-50 所示。

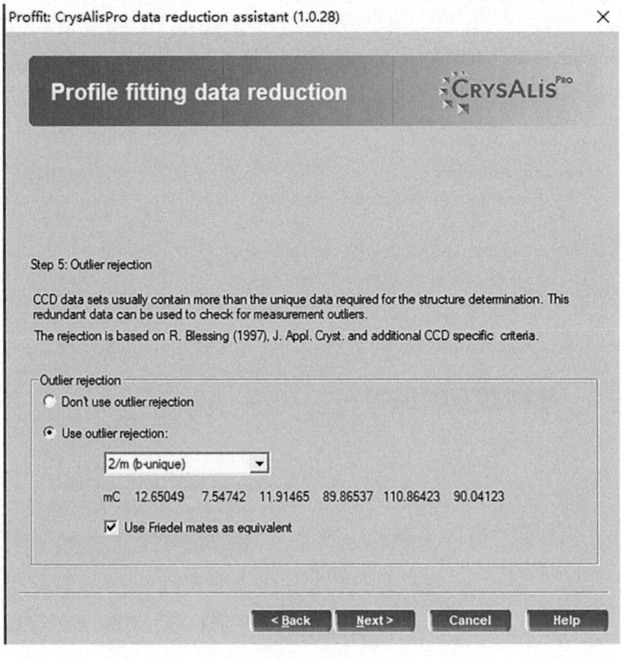

图 2-50

第 6 步，设置输出积分文件。在这一步可以改变输出的积分文件名称和保存路径。还可以选择积分结束之后晶体空间群判定的方式，如自动还是手动。为了加深认识，此次我们选择手动进行，如图 2-51 所示。

图 2-51

点击"Finish"按钮之后，软件开始自动进行数据积分。积分结束之后，弹出空间群判定界面如图 2-52 所示。

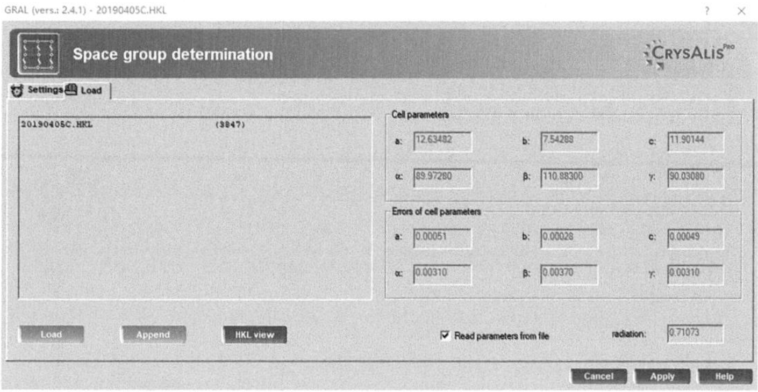

图 2-52

点击 Apply 按钮，开始类似 Apex 软件中 XPREP 程序的操作。首先选择晶格类型，如图 2-53 所示。

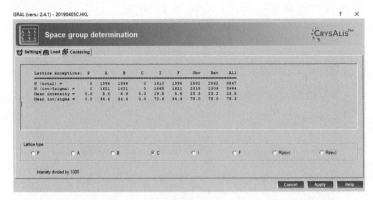

图 2-53

然后，一路点击 Apply 即可，见图 2-54～图 2-59。

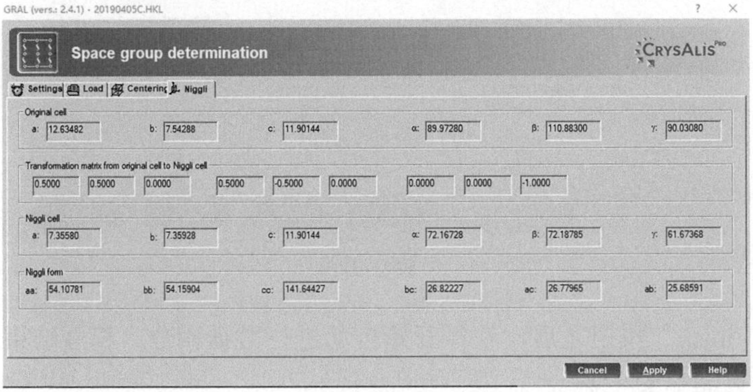

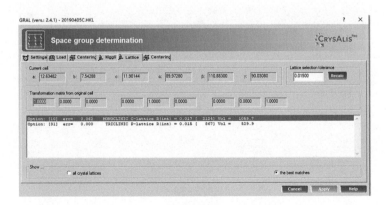

图 2-54

图 2-55

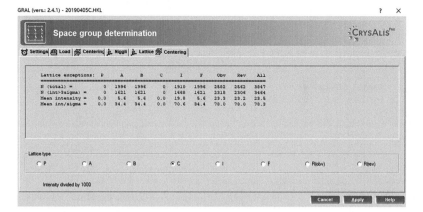

图 2-56

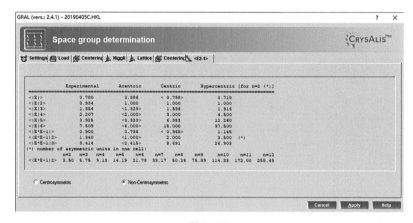

图 2-57

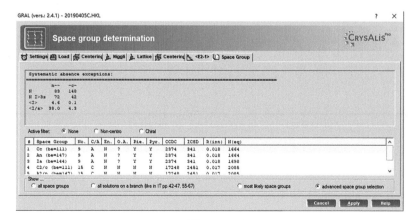

图 2-58

第 2 章　单晶衍射点数据 APEX3 与 CrysAlis^{Pro} 还原流程　　**41**

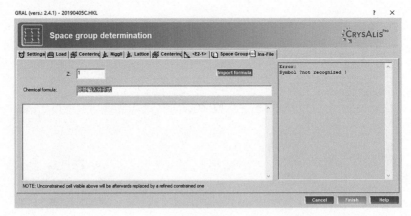

图 2-59

输入分子式之后,软件会自动生成 ins 文件,如图 2-60 所示。

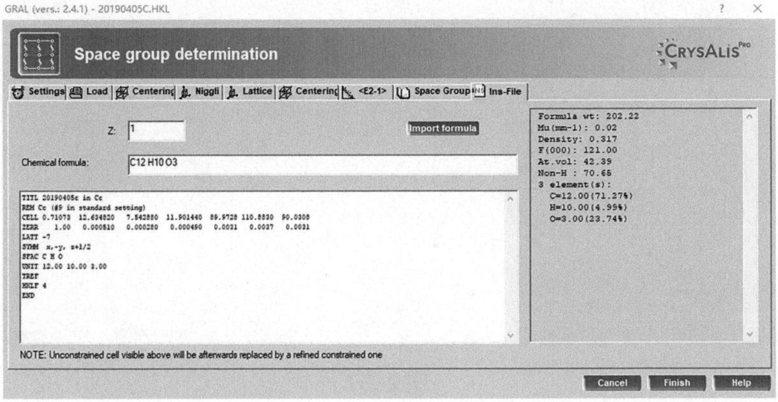

图 2-60

点击 Finish 按钮即完成数据还原过程,结果如图 2-61 所示。

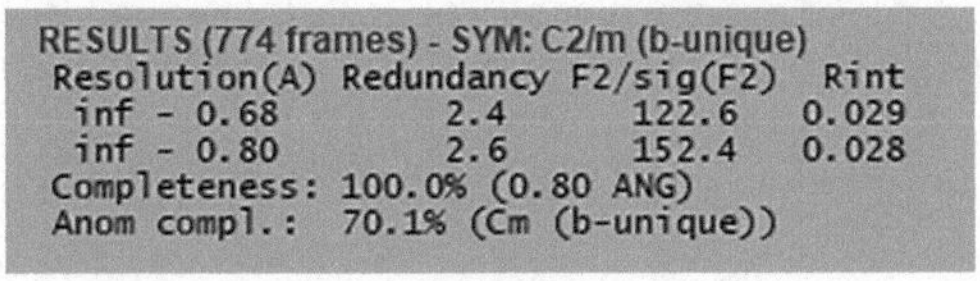

图 2-61

Olex2

第3章
Olex2软件单晶结构解析整体流程

在进行单晶 X 射线衍射后，经过数据的还原可得到多个还原的文件，其中 *._ls 里有晶胞测定时的衍射参数，用于填写最终的 cif 文件，*.hkl 和 *.p4p 文件用于结构解析。以 example 1 作为例子，包含 CNO 元素，学习运用 Olex2 软件解晶体的整体流程。

3.1 建立文件夹，运行 XPREP 程序

① 首先在 example 1 的文件夹里建立一个新建文件夹 test 4，包含 zjw-1.hkl 和 zjw-1.p4p 反应，如图 3-1 所示。

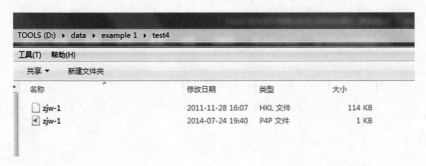

图 3-1

其中 zjw-1.p4p 也可以写成如图 3-2 所示，用 EditPlus 打开，输入两行 CHEM C N O 和 CELL $a\ b\ c\ \alpha\ \beta\ \gamma$ 即可，不包含铜靶和钼靶的波长。

图 3-2

② 双击打开桌面上的 Olex2 软件，点击左上方的菜单栏中 File>Open，此时弹出 Open File 对话框，继续选择相应位于 D:\data\example 1\test4 的文件，点击打开 zjw-1.hkl 文件，如图 3-3 所示。右上角显示了元素组成、晶体学参数、数据完整度等信息。

③ XPREP 子程序的运行如图 3-4 所示，在命令区域输入 xprep 命令，点击回车。

图 3-3

图 3-4

④ 出现如图 3-5 这样的界面，先查看 Mean（I/sigma）。Mean（I/sigma）叫作平均信噪比，5 < Mean（I/sigma）<25 说明数据能解析的可能性比较大；信噪比在 1 以下的数据直接放弃；信噪比大于 25 也不好。如果数据无法解析，在数据收集环节，可尝试减少曝光时间，将数据信噪比降到合适值。本例子的 Mean（I/sigma）为 7.41，表明数据不错，解出来结构的可能性比较大。软件根据系统消光规律选点阵类型：P。

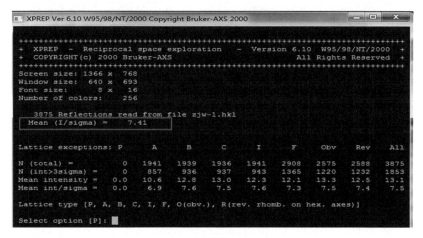

图 3-5

⑤ 按 Enter 键继续，如图 3-6 所示，软件自动选择高对称性的晶系，软件选择晶系 Crystal system：Monoclinic，格子 Lattice：p。

⑥ 如图 3-7 所示，选择空间群，确定空间晶系，确定格子，把一些等效点合并。Z 值等于 1 是由于 lauer 等于 2。由劳尔值定 Z 值，输入新名字，点击 Y，产

生新的 ins，res 文件。

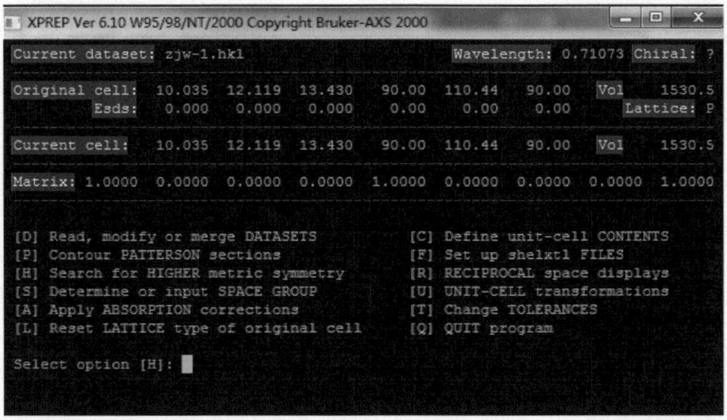

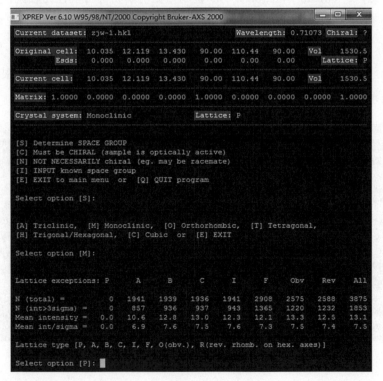

图 3-6

图 3-7

⑦ 上面步骤默认是一路回车，出现空间群选项如图 3-8 所示，CFOM 叫作综合因子，CFOM 值一般小于 10，越小表明空间群越可信。CFOM 小于 1 表明建议的空间群可能是正确的，而大于 10 则很可能是错误的。CFOM 值小于 5 的空间群

通常比较可信，此处只有一个空间群，且 CFOM 为 1.77，说明该空间群可信度比较高。选择此空间群，继续回车。

图 3-8

⑧ 继续回车，直到出现元素符号界面图 3-9，输入 F，输入新的元素符号：CNOH（元素符号区分大小写，符号间可以不用空格）。

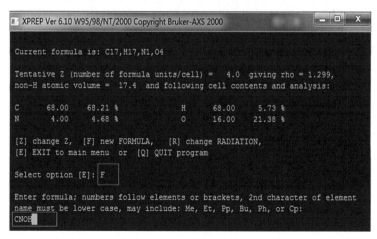

图 3-9

⑨ 建立 ShelXTL 文档，如图 3-10 所示。Output file name{without extension} [zjw-1]：输出文件名为 zjw-2，生成新的 hkl 文件选项；Do you wish to {over} write the intensity data file zjw-2.hkl？ [N]：输入"y"，回车，再回车，退出程序。

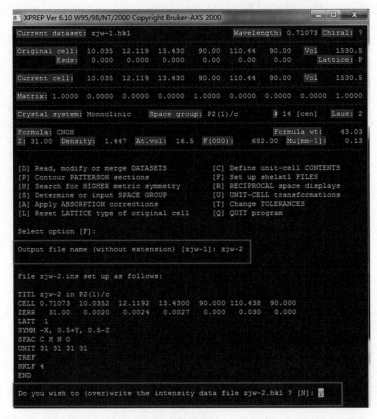

图 3-10

⑩ 如图 3-11 所示，test4 文件夹里新生成了 zjw-2.hkl 和 zjw-2.ins 两个文件。

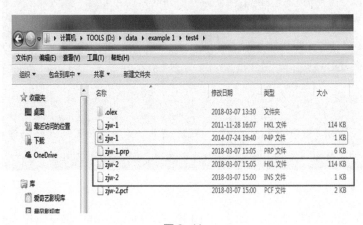

图 3-11

3.2 利用 Solve 进行初解结构

如图 3-12 所示，点击 Olex2 软件左上方菜单栏的 file>open file，打开 D:data/example1/test4 中的 zjw-2.hkl 文件，导入新的 hkl 文件。

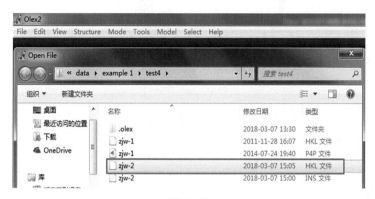

图 3-12

（1）方法一

如图 3-13 所示，点击 Work 选项卡 Work 选择 Solve 选项卡后面的小三角 Solve，出现如图 3-13 所示界面。打开 Solve 中 Solution Program 中有不同的解析程序，因为本例子为有机分子，结构比较简单，我们选择在 Solution Program 中选择 ShelXT，在 Solution Method 中选择 Intrinsic phasing 程序解析结构。ShelXT-Intrinsic phasing 是新算法，可以直接定出原子，出来初始结构，但原子有可能定错。

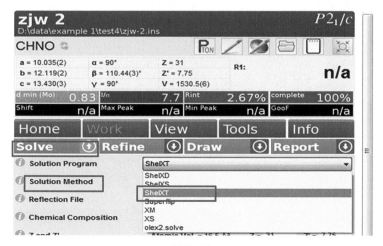

图 3-13

如图 3-14 所示，点击 Solve，进行初解结构，发现结构的骨架已经出来，但有些原子定错了，需要更改为正确的原子。同时文件中生成了新的文件 zjw-2.res 和 zjw-2.ins。

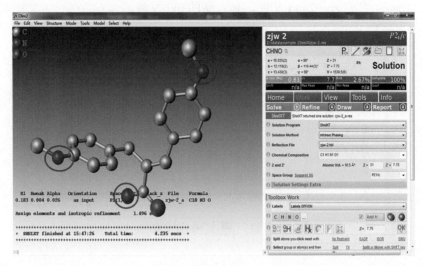

图 3-14

如图 3-15 所示，更改为正确的原子，方法是鼠标左键单击选中，在 Toolbook Work 下面的元素里 CHNO... 选择正确的原子即可。

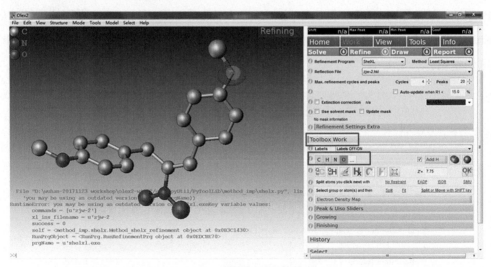

图 3-15

（2）方法二

如图 3-16 所示，也可以在 Solution Program 中选择 ShelXS，在 Solution

Method 中选择 Direct Methods。然后直接点击 Solve，进行解析。

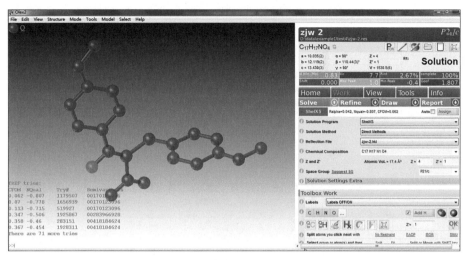

图 3-16

图 3-17 显示多个褐色的圆球，这些圆球均为 Q 峰，且颜色深浅表示电子云密度的大小。通过滚轮上/下滚动可以增加/减少显示一个 Q 峰，滚动滚轮让屏幕中只显示适当的 Q 峰后点击 按钮，将所有的 Q 峰都转化为 C 原子，这就是解出的粗结构。

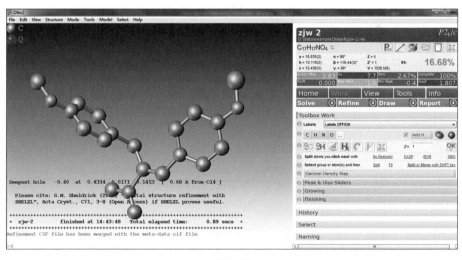

图 3-17

如图 3-18 所示，原子类型的确认。根据已知分子结构，键长键角数据（将鼠标直接移到键上可以查看键长值）、Uiso 值（将鼠标直接移到原子上可以查看

第 3 章 Olex2 软件单晶结构解析整体流程　51

Uiso 值)、Q 峰可以明显判断出哪些原子为氧原子。点击选中这些元素位置直接把原子定好，点击选中要变成 C 原子的 Q 峰，在 C H N O... 中选择 C。同样方法，对于要变成 N, O 的 Q 峰，在 C H N O... 中分别选择 N, O 元素。这就是解出的粗结构。

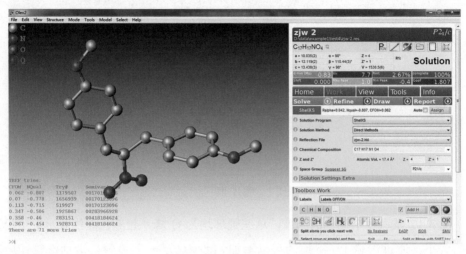

图 3-18

3.3 利用 Refine 进行结构精修

① 同性精修，并寻找未找到的原子。如图 3-19 所示，点击 Refine 按钮后的小三角 Refine ⊙，在 Refinement Program 中选择 ShelXL，Reflection File 中选择 zjw-2.hkl，然后按下 Refine 按钮（也可以使用快捷键 Ctrl+R）进行精修。然后再多次按下 Refine 精修多次，直到 Shift 变绿 Shift 0.000，残余峰已经在 1 附近为止。

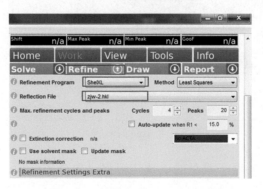

图 3-19

此时如图3-20所示，Max Peak 为 0.7，Min Peak 为 –0.7，残余峰已经在1附近，Shift 变绿 Shift 0.000，至此非氢原子已经基本指认完全，可进行各向异性精修。

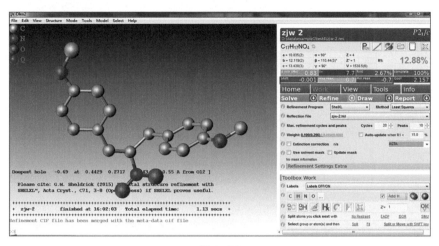

图 3-20

技巧：a. 热椭球较小的是比碳重的原子，热椭球较大的是比碳轻的原子或者不存在的原子。b. 根据键长判断键类型，1.5Å 是 C—C 单键，1.4Å 是 C—O 单键，1.2Å 是 C=O 双键（1Å=10^{-10}m）。c. 数据好时，旁边的 Q 峰往往是 H 原子的位置，可以通过判断 H 原子的个数来判断是 N 或者 O 原子。d. 当原子类型指认正确，精修后的 R1 值会下降。

② 对原子进行各向异性精修，操作方法为：如图3-21所示，将 Toolbox Work 中 Add H 前的对勾去掉，点击 椭球按钮，然后按 Refine 进行各向异性精修。

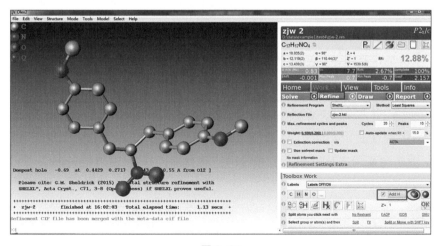

图 3-21

③ 如图 3-22 所示，各向异性精修结果为 Shift 0.000。R1 从 12.89% 降到 9.00%；但 Goof 为 1.602，比较大。同时从图中可以明显看出 Q 峰位置即为氢的位置。

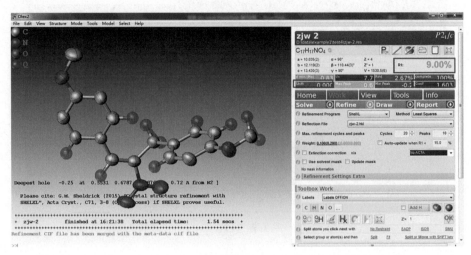

图 3-22

3.4 给原子进行编号、排序

① 要更改原子编号，选择 Work>Naming 对原子进行重命名，如图 3-23 所示。

图 3-23

如图 3-24 所示，Start 表示从几号开始，必填。Suffix 表示下标，选填。Type 表示原子类型，必填。然后把 Automatic Hydrogen Naming 后面打勾。填完后点击 Name 按钮开始出现 Mode 模式，点击原子进行命名。每命名一个原子，原子编号自动加 1。同一种原子命名完后，再将 Start 从 1 开始命名另一种原子，所有原子命名完成后点击 ESC 退出 Mode 模式。单击 Refine 进行精修更新原子名称。

② 更新完原子名称后要对原子编号进行排序，选择 Work>Sorting，如图 3-25 所示。

如图 3-26 所示，可对原子编号分别以原子质量、编号、标签等进行排序。一般按照标签（Lable）、序号（Numeric）进行排序，点击 Sort 后 ins 文件自动更新原子编号序号。

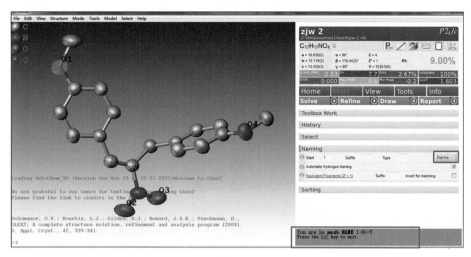

图 3-24

图 3-25

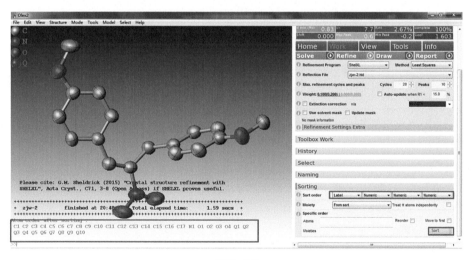

图 3-26

3.5　原子加氢

（1）自动加氢

如图 3-27，点击 Add H 按钮，然后再多次按下 Refine 精修多次。直到 Shift 变绿 Shift 0.000 为止。加氢的时候将 ☐ Add H 按钮前的勾去掉,这样加氢后不直接进行精修,可以检查。如图 3-28 所示,点击 ⬚,发现 H 原子已经写入 ins 文件中。

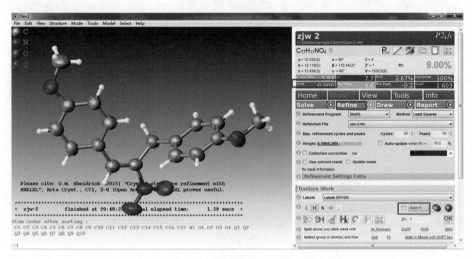

图 3-27

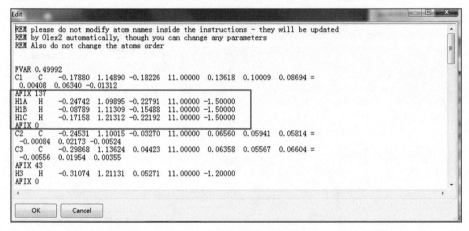

图 3-28

（2）手动加氢

如图 3-29 所示,如果有原子上没有加氢,可以手动加氢,选择菜单中 Mode>HFIX>选择氢类型,然后点击相应原子加氢,加完后按 ESC 退出 Mode 模式。如果有原子上不该加氢,可以直接点击相应氢删除（注意：氮原子上经常多加氢）。

如果有原子上氢类型指定错误可以先删除氢再使用上述 HFIX 加氢,然后再多次按下 Refine 精修多次。直到 Shift 变绿 Shift 0.000 为止。

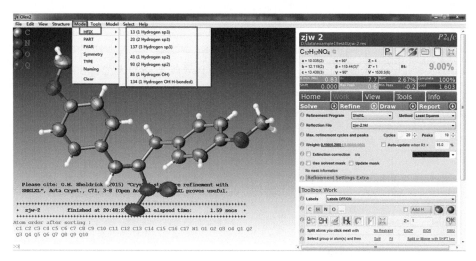

图 3-29

手动加氢也可以点击 Tools 下的 Hydrogen Atoms 里的选择氢类型，然后点击相应原子加氢，然后再多次按下 Refine 精修多次。直到 Shift 变绿 Shift 0.000 为止，如图 3-30 所示。

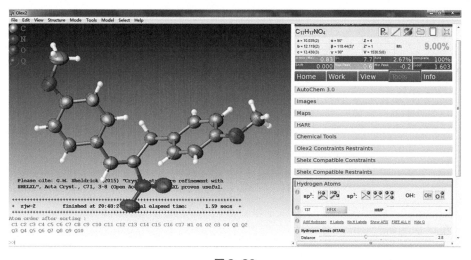

图 3-30

3.6 精修权重

如图 3-31 所示，选择 Weight 后的方框 Weight: 0.100(0.070) 0.000(0.000) 使其打勾，增加精修轮数 Cycles 3 ，然后再多次按下 Refine 精修多次。直到 Weight 中两个数值变绿

为止。精修工作到此结束。

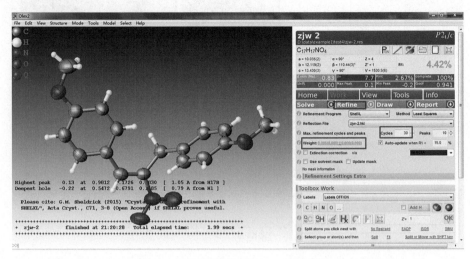

图 3-31

3.7 解析的合理性

精修的结果如图 3-32 所示。

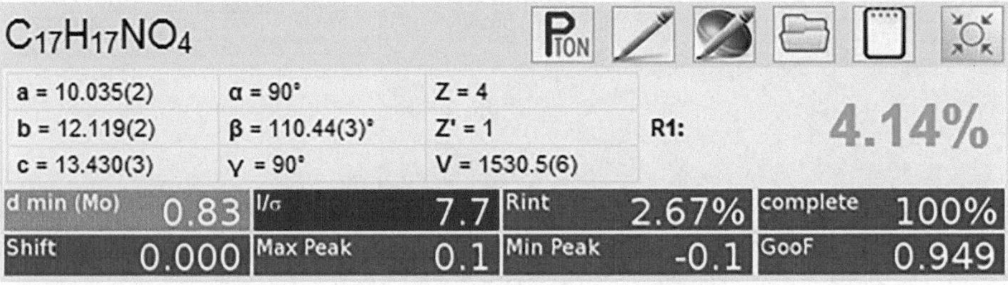

图 3-32

在结构解析过程中，有一些参数可以用来衡量和评价解析的结果。

① 化学上合理（键长、键角、价态）。

② 一般要求 R1<0.08（0.06）。R1 为残差因子，在检查 cif 文件时，R1>0.20 会出现 A 警告；0.15<R1<0.20 会出现 B 警告；0.10 <R1< 0.15 会出现 C 警告。

③ 一般要求 Rint<0.1。Rint 为等效点平均标准偏差。在检查 cif 文件时，Rint>0.20 会出现 A 警告；0.15<Rint<0.20 会出现 B 警告；0.10<Rint<0.15 会出现 C 警告。

④ Complete>90%。Complete 为衍射数据在所属空间群及所选分辨率下的完整度。

⑤ Max Peak/Min Peak 为最大残余电子密度峰值/最小残余电子密度谷值。通常 Max Peak<1、Min Peak<1 表示非氢原子可能全部找到,对于重原子的数据可能残余峰电子密度更大。但是,有时客体分子衍射较弱,残余电子密度小于 1,客体分子也可能没找到,要根据实际情况进行判断。

⑥ Goof 为拟合优度值,理想值为 1,一般要求 Goof=1±0.2。

⑦ 平均背景强度与平均衍射强度之比 $R(\sigma)$<0.1。

3.8 生成 cif 文件及检测 cif 文件

(1)生成 cif 文件

如图 3-33 所示,所有都更改完毕后,点击最上方 按钮,输入 ACTA、conf、BOND $h 等指令,然后 Refine 一次生成 cif 文件。

图 3-33

(2)完善 cif 文件,检查 cif 文件

完善 cif 文件,给 cif 文件添加必要的信息。方法:点击 Report 选项卡的小三角 Report ,开始添加必要的信息。需要填写的信息有:crystal 处填写晶体的颜色(Colour)和尺寸及形状(Size & Shape),如图 3-34 所示。

如图 3-35 所示,Diffraction 处要填写 Diffractometer、Diffraction T(K)和 Cell Measurement T(K)。

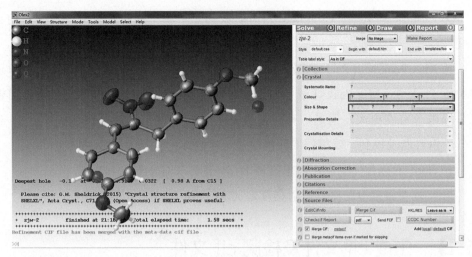

图 3-34

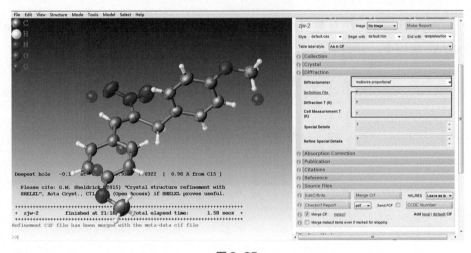

图 3-35

如图 3-36 所示，Absorption Correction 需要填写 Abs Type、Abs Details、Abs T max 和 Abs T min。

如图 3-37 所示，填写 cif 文档，点击 EditCifInfo ，合并 cif 文件 Merge Cif ，发文章建议加入 hkl，点击 HKL/RES Include [IUcr] 然后 Refine 精修生成新的 cif 文件。

检查 cif 文件有两种方法：一种方法为直接在 checkcif 网站 http://checkcif.iucr.org/ 上验证；另一种方法为生成 cif 文件后，直接点击 Report 中的 Checkcif Report pdf 按钮进行在线验证。

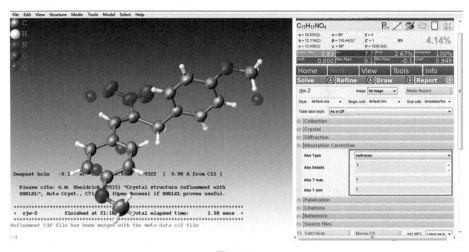

图 3-36

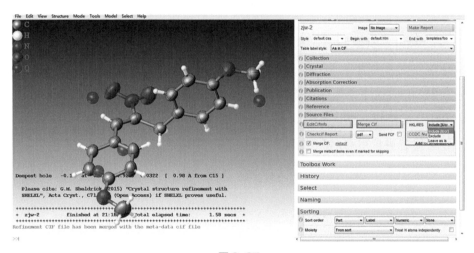

图 3-37

3.9 产生结构信息报告

点击 Report 按钮，产生的是网页版的信息报告，如 file：///D：/data/example%201/test4/zjw-2_tables.html，需要将结构信息复制到新表格中，如图 3-38 所示。

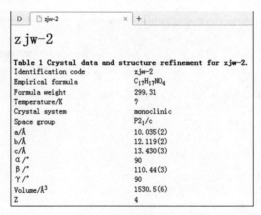

图 3-38

3.10 总结

Olex2 软件解析结构的基本流程如下：

① 建立文件夹包含 .hkl 和 .p4p，运行 XPREP 文件，生成新的 .hkl 文件；

② 用 Solve 程序，选择合适的解析方式进行初解结构；

③ Refine 精修，指认非氢原子，确定原子类型；

④ 对原子进行重命名和排序；

⑤ 原子加氢；

⑥ 精修权重；

⑦ 添加命令，生成 cif 文件；

⑧ 完善 cif 文件，进行 checkcif 检查，产生结构信息报告。

第4章 解析实例

本章选取了几个有代表性的例子，包括不同解析方法比较、晶体空间群变换及对称性检查、初步模型解析、精修限定使用、无序处理（位置无序、置换无序）、孪晶解析、手性晶体构型确定与翻转等几个方面。

4.1 利用 Solve-ShelXS 中的重原子法 Patterson Method 进行解析

example 2 为例子，该结构含有 Au，Br 重原子。该例子主要介绍运用重原子法解结构、重原子拖尾用 Suqeeze 的处理、位置无序的处理。

4.1.1 建立文件夹，运行 XPREP 程序

① 建立文件夹 test1 包含 708.hkl 和 708.p4p 文件，如图 4-1 所示。

名称	修改日期	类型	大小
708	2017-03-08 9:05	HKL 文件	259 KB
708	2017-04-25 13:00	P4P 文件	1 KB

图 4-1

② 如图 4-2 所示，在 Olex2 软件的菜单栏 Flie>Open 打开 708.hkl 文件。

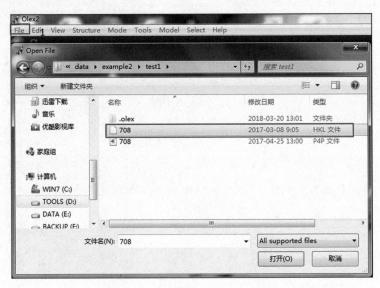

图 4-2

③ 如图 4-3 所示，在命令栏 >> 输入 XPREP 运行，回车。

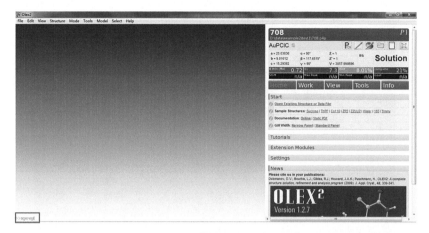

图 4-3

④ 开始运行 XPREP 程序,信噪比 Mean(I/sigma)为 7.41。信噪比 Mean(I/sigma)是由仪器测试决定的,可以基本判断数据质量。如图 4-4 所示。

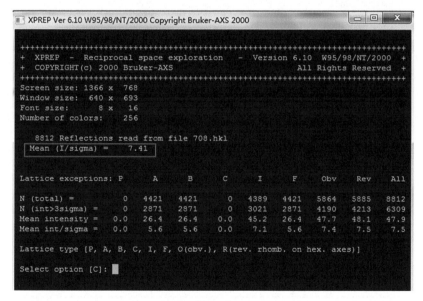

图 4-4

⑤ 默认一直回车,直到出现空间群选项如图 4-5 所示。Mean|E*E-1| 的值明显接近于 0.968 时,按中心对称空间群来解;接近于 0.736 时,按非中心对称来解。配合物如果介于两者之间,往往按非对称中心来解,这是由于重原子的存在往往使 Mean|E*E-1| 值偏大。本例子是 Mean|E*E-1| 为 0.760,趋近于非中心对称。而且选择 CFOM 小的选项,此选项也是非中心对称,此处程序选择 B,回车。

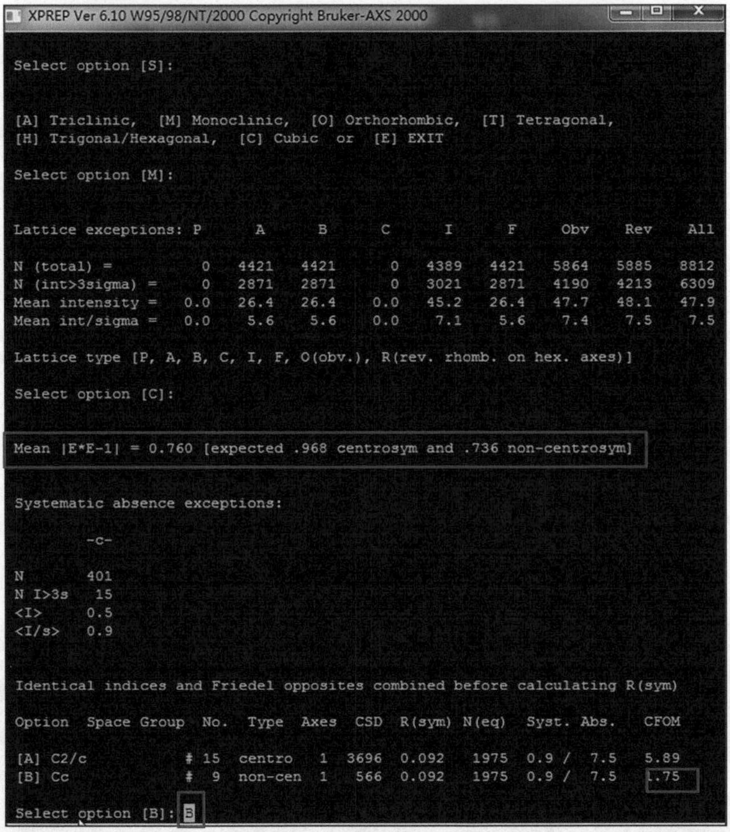

图 4-5

⑥ 一路回车直到出现输入元素符号界面如图 4-6 所示，需要输入新的元素符号：AuBrCP，回车。

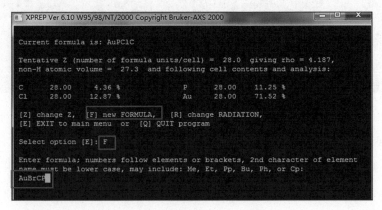

图 4-6

⑦ 接下来一路回车至要输入文件名界面，如图 4-7 所示。Output file name

{without extension}[708]：输入文件名为 708-1，回车。Do you wish to {over} write the intensity data file 708-1.hkl？ [N]：输入"y"，回车。生成了新的 hkl 文件 708-1.hkl，回车，结束 XPREP 程序。

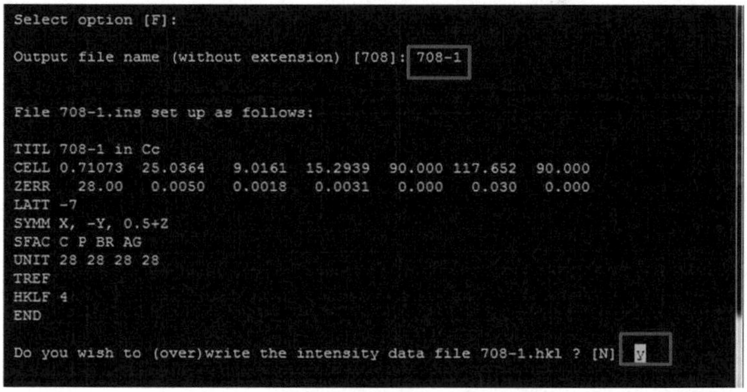

图 4-7

4.1.2 利用 Solve 进行初解结构

由于该数据的结构含有重原子 Au，Br，因此尝试用 Patterson Method 重原子法进行初解结构。

① 如图 4-8 所示，点击 Olex2 软件左上方菜单栏的 File>Open 打开 D：data/example2/test1 中的"708-1.hkl"文件，导入新的 hkl 文件。点击 Solve，Solution Program 中选择 ShelXS。在 Solution Method 中选择 Patterson Method，在 Reflection File 中选择 708-1.hkl，然后直接点击 Solve，进行初始结构解析，结果如图 4-9 所示。

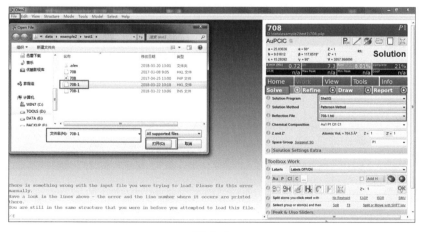

图 4-8

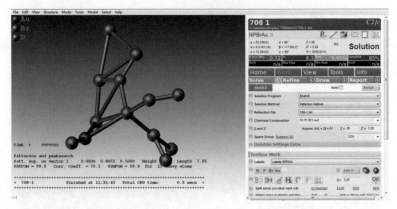

图 4-9

② 如图 4-10 所示,首先找到的是重原子 Au 和 Br,所以先删除所有的磷原子 P。

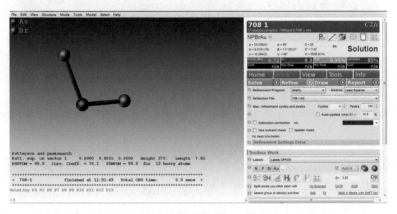

图 4-10

4.1.3 点击 Refine 进行结构精修

① 如图 4-11 所示,点击 Refine 后的小三角 Refine,Refinement Program 中选择 ShelXL。设置的 Cycles 数值少一些;Peaks 数值多些,如 30,点击 Refine 进行精修。

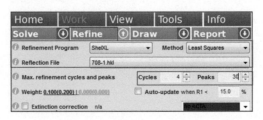

图 4-11

② 如图 4-12 所示，点击 Refine 精修后，图上显示多个褐色的圆球，这些圆球均为 Q 峰，且颜色深浅表示电子云密度的大小。如果 Q 峰是散乱的，可以点击 ，Q 峰相连。通过滚轮上/下滚动，可以增加/减少显示一个 Q 峰，滚动滚轮让屏幕中只显示适当的 Q 峰，在 Toolbox Work 下面的 C P Br Au ... 选择 P 原子和 C 原子。

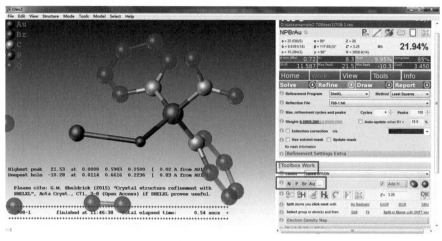

图 4-12

③ 如图 4-13 所示，点击 Refine 精修，就会出现苯环的结构，选择相应的 Q 峰， C P Br Au ... 定为 C 原子，定出苯环。此时非氢原子已经全部找全。

④ 对原子进行各向异性精修。操作方法为：将 Toolbox Work 中 Add H 前的对勾去掉，点击 椭球按钮，然后按 Refine 进行各向异性精修，如图 4-14 和图 4-15 所示。

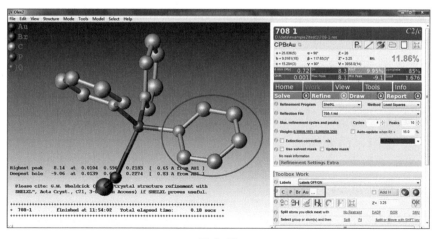

图 4-13

第 4 章 解析实例 **69**

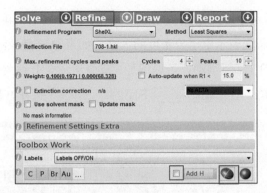

图 4-14

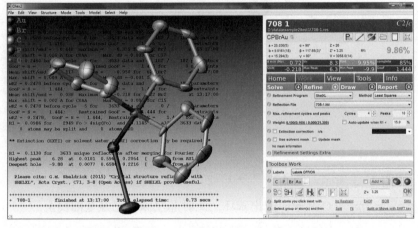

图 4-15

4.1.4 给原子进行重新命名及排序

Naming 里面有 Start 1 从 1 开始编号、Suffix 为下标、Type 为类型，设置好后，点击 Name 开始命名，出现 MODE 模式，同一种原子编号是依次增加的。开始另一种原子的命名，要重新点击 Name 开始，命名完按 ESC 按钮结束，Refine 更新原子名称。对更新后的原子编号进行排序，Sorting 里面，有不同的排序格式，一般设置 Lable、Numeric、Numeric、Numeric 进行排序，点击 Sort ，原子序号顺序就排好了，如图 4-16 和图 4-17 所示。

4.1.5 原子加氢

如图 4-18 所示，点击 Add H 按钮，然后再多次按下 Refine 精修多次。直到 Shift 变绿 Shift 0.000 为止。加氢的时候将 Add H 按钮前的勾去掉，这样加氢后不直接进行精修，可以检查。

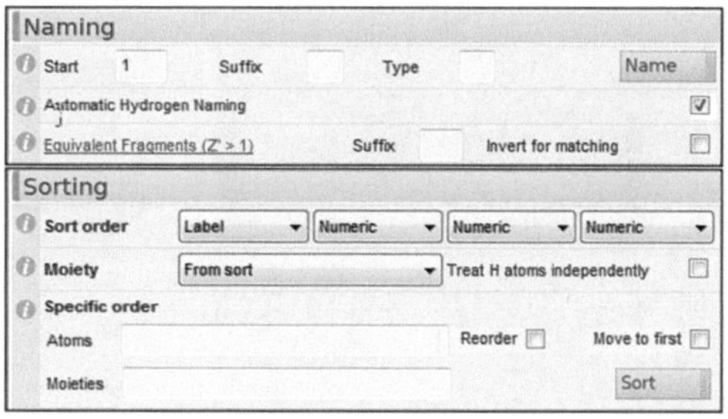

图 4-16

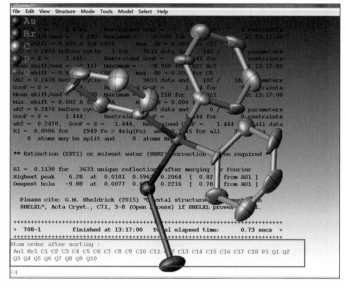

图 4-17

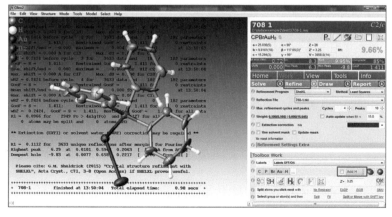

图 4-18

第 4 章 解析实例

查看结构，命令行输入 grow，还原输入 fuse 命令，如图 4-19 所示。

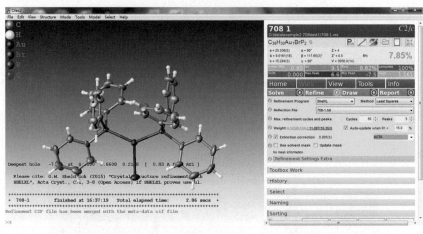

图 4-19

4.1.6 精修中遇到的问题

① 在精修过程中出现 Complete（完整度）为 85%，R1 为 9.68%，Au 旁边有大的 Q 峰，max peak 为 6.0 数值比较大。

② **Extinction (EXTI) or solvent water (SWAT) correction may be required** 对于分子式不准确等问题，我们需加入一些命令来解决，如图 4-20 所示。

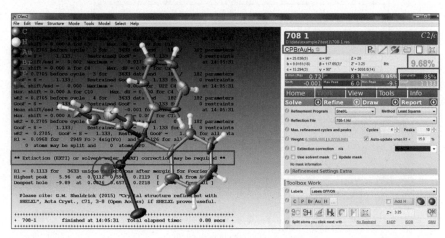

图 4-20

③ 遇到 Complete 比较低，删除高角度点 omit-2 2θ，办法为点击 打开 ins 文件，输入命令 omit-2 53，截断高角度衍射点峰，然后点击 Refine 进行精修，精修

后 Complete 100%，R1 值也下降了，Goof 也降到了合理的范围，如图 4-21 所示。

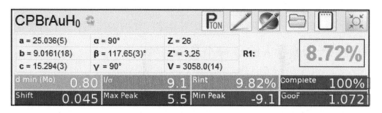

图 4-21

④ 有时也需要删除一些坏点，如图 4-22 所示，点击 Info 下面有 Bad Reflections，一般删除 Error/esd 大于 10 的 HKL 点，直接点击 omit 即删除点。但是删的越多，说明越有问题，同时，如果删除指标没有什么变化，说明删除这些点没有意义。本例子中不需要删除坏点，只需要截断高角度衍射点即可。

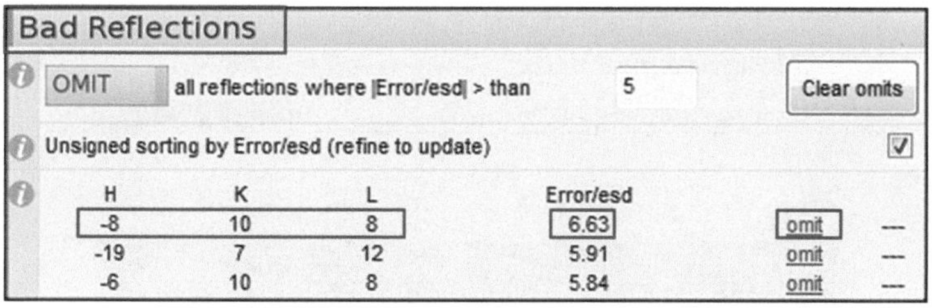

图 4-22

⑤ 精修过程中，有下列提示时：** Extinction (EXTI) or solvent water (SWAT) correction may be required ** 则需要进行吸收矫正，需要加 EXTI 命令，在精修结束后如果其数据较大，且误差较大时应该将其删除。方法是在 Extinction correction n/a 前面打勾，然后点击 Refine 进行精修。结果 R1 下降，Extinction correction 为 0.006(6)，说明做的吸收矫正有用，如图 4-23 所示。

⑥ 分子式不准确，需要更新分子式。方法是在 Z′ 后面填上数字 Z'= 0.5，（Z′ 为最小不对称单元，Z′ 为 1 表明是一个完整的分子；Z′ 为 0.5，代表分子中有一个二重轴，是半个分子；Z′ 为 0.67，代表分子中有一个三重轴，代表是三分之一个分子）。本例中 Z′ 为 0.5，说明分子中有一个二重轴，然后点击 OK，更新分子式，点击分子式后面的绿色环 C6.5P6.5Br6.5Au6.5H0.3，如图 4-24 所示。

⑦ Au 旁边有一个电子云密度大的 Q 峰，且 Max Peaks 为 6.5，将该 Q 峰当成溶剂峰，使用 Platon 中的 SQUEEZE 选项进行消除如图 4-25 所示。方法是点击 P，进入 PLATON 程序；点击 SQUEEZE，显示没有溶剂峰；点击 EXIT 退出程序，

产生系列新的文件
```
:: SQUEEZE xyz on :708-1-sr.sqz
:: SQUEEZE cif on :708-1-sr.sqf
:: SQUEEZE ins on :708-1-sr.ins
:: SQUEEZE hkl on :708-1-sr.hkl
```
。如果有溶剂峰，利用 SQUEEZE 消除后的文件进行精修即可，如图 4-26 和图 4-27 所示。本例子中显示没有溶剂峰，则表明 Au 旁边电子云密度大的 Q 峰不是溶剂峰。

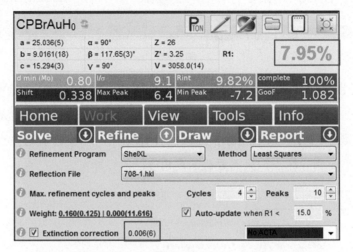

图 4-23

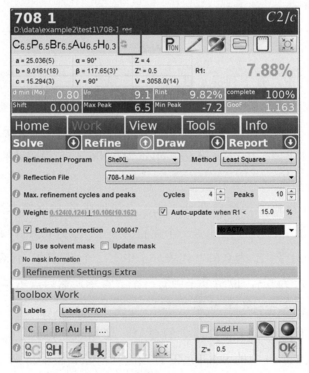

图 4-24

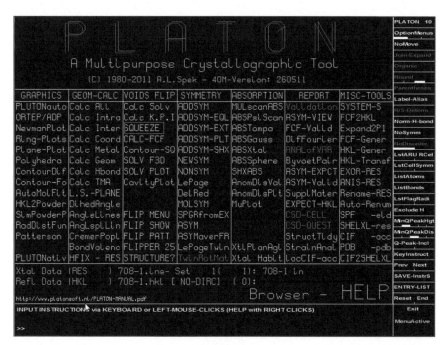

图 4-25

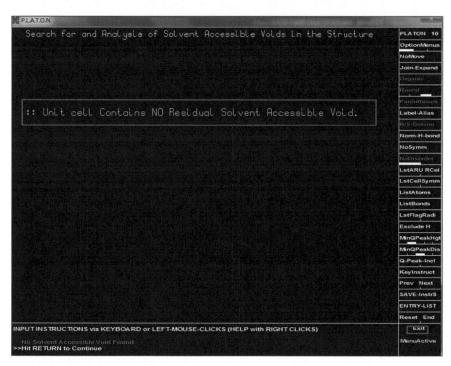

图 4-26

```
:: Formula_Weight  =       801.41 [Note: Based on SHELXL97 Atomic Weights]
:: Formula_Z       =         4
:: SpaceGroup_Z    =         8
:: Formula_Z'      =         0.500
:: mu(MoKa)        =       62.46 cm-1 =   6.246 mm-1
:: Predicted Vol           3145.7[ 3145.7] Ang**3, 298[298]K

:: VOID/SOLV Gridstep (Angstrom) (re)set to 0.20, Percent Memory =  1.0

van der Waals (or ion) Radii used in the Analysis
=================================================
    C     H    Au    Br    P
-------------------------------------------------
  1.70  1.20  1.66  1.85  1.80

:: Unit cell Contains NO Residual Solvent Accessible Void.

:: Note: use CALC VOID (not CALC SOLV) for Packing Index.

:: CPU-time:   736.3 (Total:    736.2)

:: PLATON may be run without opening-window with 'platon -o xxxx.yyy'

:: Escape EXIT from PLATON -    7 Pages on FILES 708-1.lis

:: SQUEEZE  xyz on  708-1-sr.sqz
:: SQUEEZE  cif on  708-1-sr.sqf
:: SQUEEZE  ins on  708-1-sr.ins
:: SQUEEZE  hkl on  708-1-sr.hkl
```

图 4-27

⑧ Au 旁边电子云密度大的 Q 峰，通过 PLATON 里的 SQUEEZE 验证不是溶剂峰，尝试按照位置无序处理。首先将 Au1 原子进行各向同性处理；然后选择 Au1 原子；再选择 ToolBox Work 里 Split 命令，这时候选中原子高亮显示；按住 Shift 鼠标点击并拖动原子移动到 Q 峰上，松开鼠标，按 ESC 返回，如图 4-28 所示。这时 Olex2 已经帮我们填好了相应的 Part 指令。如果 Part 后位置需要调整，则选

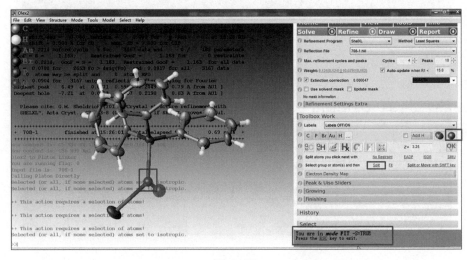

图 4-28

中需要调整的原子，选择 Fit 选项，按住 Shift 拖动原子到相应位置后放开 Shift，按 ESC 键返回即可。选择 Au1 和 Au1a，点击 ，ins 文件中 Olex2 已经帮我们填好了相应的 Part 指令。限制 Au1a 与 P 的键长为 2.6，不然一精修 Au1a 就跑了，如图 4-29 所示。

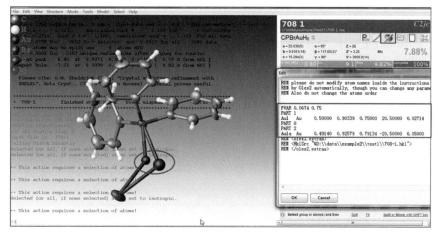

图 4-29

精修后，如图 4-30 所示，选择 Au1 和 Au1a 原子，点击 查看各自的占有率。Au1a 的占有率为 –0.00100，说明 Au1a 不存在。点击选择 Au1a，delete 删除 Au1a；选择 Au1，右键选择 part 0。说明 Au1 不是位置无序，因此不处理。直接解释：由于衍射数据并非完美而导致重原子周围由于傅里叶截断而产生赝峰，并不代表有原子存在于相应位置上。

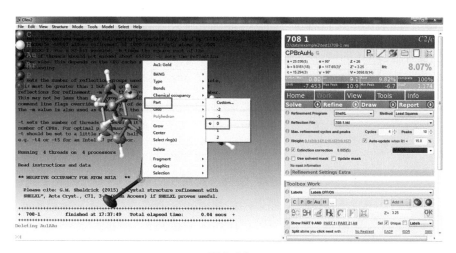

图 4-30

4.1.7 精修权重、产生 cif 文件

如图 4-31 所示，加大精修轮数，勾选权重 Weight 后面的方块，选择 ACTA；多次点击 Refine 进行精修，调节权重，产生 cif 文件。编辑需要检查的 cif 文件，完善 cif 文件，给 cif 添加必要的信息。方法：点击 Report 选项卡的小三角，开始添加必要的信息。需要填写的信息有：Crystal 处填写晶体的 Colour 和 Size & Shape；Diffraction 处要填写 Diffractometer、Diffraction 和 Cell Measurement T（K）；Absorption correction 需要填写 Abs Type、Abs Details、Abs T max 和 Abs T min。发表文章用建议加入 hkl，然后 Refine 精修生成 cif 文件。

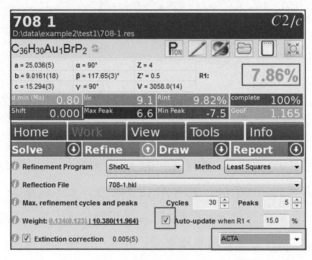

图 4-31

4.1.8 检查 cif 文件及产生结构信息报告

① 打开检查 cif 的网址：http：//checkcif.iucr.org/，检查 ABC 警告。

② 产生结构信息报告：点击 Report 按钮，产生的是网页版的信息报告，需要将结构信息复制到新表格中，如图 4-32 所示。

4.1.9 小结

本节主要介绍运用重原子法解析结构，在解析过程中详细地讲解了如何解决完整度不够、分子式不准确的问题以及如何更新分子式、如何解决吸收矫正警告、如何扣除溶剂峰、如何进行位置无序精修等重点难点。

图 4-32

4.2 置换无序处理

以 example 3 为例子，含有 MoVCNOH 元素，多个重原子金属，因此采用直接法进行解析。

4.2.1 建立文件夹，运行 XPREP 程序

如图 4-33 所示，建立文件夹 test1，包含 3682.hkl 和 3682.p4p；在 Olex2 软件菜单栏 file 中导入 3682.hkl，在命令行输入 XPREP，回车，运行 XPREP 程序。

图 4-33

① 如图 4-34 所示，查看平均信噪比 Mean（I/sigma）为 5.03，稍微有点低，表明数据质量一般。

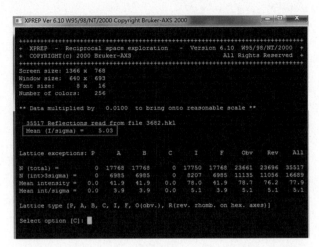

图 4-34

② 一路回车，直到选择空间群如图 4-35 所示，Mean |E*E-1| 为 0.944，接近于中心对称空间群，选择 CFOM 小的选项 C2/c 空间群。

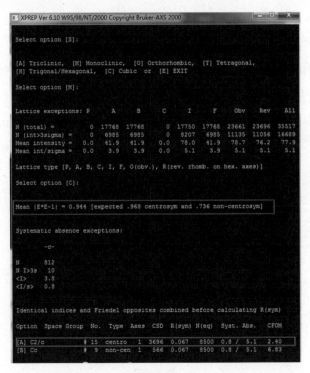

图 4-35

③ 一路回车，直到出现输入文件名的选项如图 4-36 所示。Output file name {without extension}[3682]：输出文件名为"3682-1"，生成新的 hkl 文件选项；Do you wish to {over} write the intensity data file 3682-1.hkl？[N]：输入"y"，输出 3682-1.hkl 文件，产生了新的 hkl 文件 3682-1.hkl。

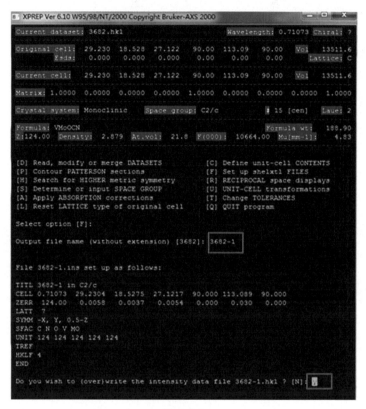

图 4-36

4.2.2 利用 Solve 进行初始结构解析

① Olex2>file>open 打开 3682-1.hkl，点击 Solve 后面的小三角 Solve，选择后，点击 Solve 进行解析，结果如图 4-37 所示。

② 图 4-38 上显示多个褐色的圆球，这些圆球均为 Q 峰，且颜色深浅表示电子云密度的大小。通过滚轮上/下滚动可以增加/减少显示一个 Q 峰，滚动滚轮让屏幕中只显示适当的 Q 峰，选择 Q 峰，点击 C Mo N O V 中的元素定为正确的原子，定出初始结构。

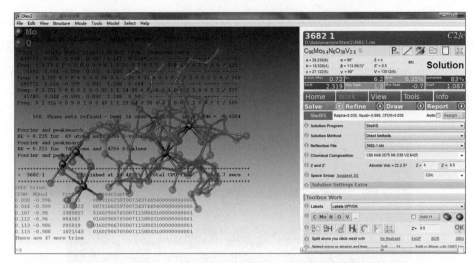

图 4-37

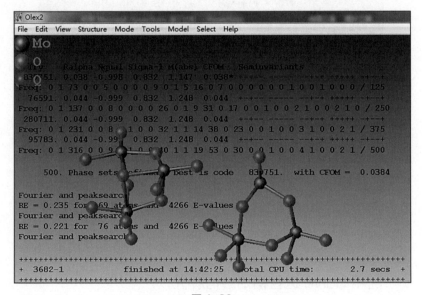

图 4-38

4.2.3 结构精修及原子加氢

① 如图 4-39 所示，选择 Refine 的小三角 Refine 中 ShelXL 程序，多次 Refine 各向同性精修，找全结构。

② 如图 4-40 所示，查看晶体的完整结构，在命令行 >> 输入 grow，回车，可以查看完整结构，返回输入 fuse 命令，又回到不对称单元的模式。

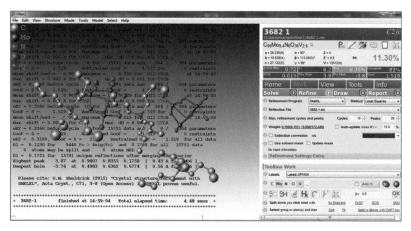

图 4-39

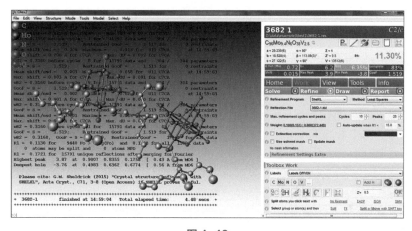

图 4-40

③ 如图 4-41 所示，点击 ◎，然后点击 Refine 各向异性精修。

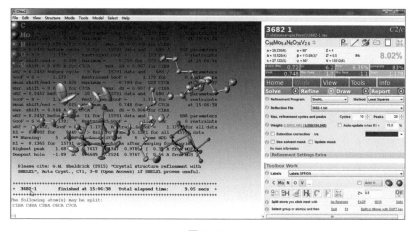

图 4-41

第 4 章 解析实例

④ 如图 4-42 所示，给原子进行命名（Naming）和排序（Sorting）。

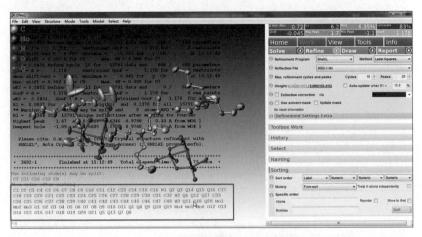

图 4-42

⑤ 如图 4-43 所示，点击 Add H 后，再点击 Refine 给原子进行加氢。

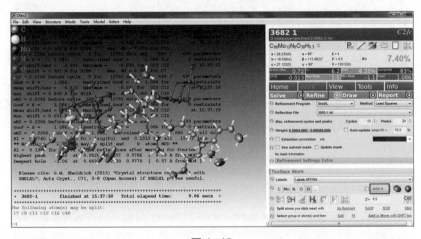

图 4-43

4.2.4 置换无序的处理

从结构上可以看到，不对称结构单元中含有 2 个 $\{[Mo_6O_{19}]_{0.5}\}^-$ 阴离子，3 个 $(C_4H_9)_4N^+$ 阳离子，电荷不平衡。综合考虑，实验中加入了 +6 价的 Mo 和 +5 价的 V 元素，元素分析测试也证明有 V 元素存在。每个簇骨架中包含 0.5 个 V 原子，6 个 Mo 原子的位置是等同的，因此出现了位置置换无序。可按照两种方式处理：a.Mo 与 V 同位置，一个位置占有两个原子，进行平均化处理。b.V 的位置定在整个骨架上，进行不平均化处理。

4.2.4.1 位置无序的平均化处理

位置置换：Mo 与 V 同位置，一个位置占有两个原子，进行平均化处理。

① 选择 Mo1，右键 -Fragment-Show this only 孤立含有 Mo1、Mo2、Mo3 的簇单元，如图 4-44 所示。

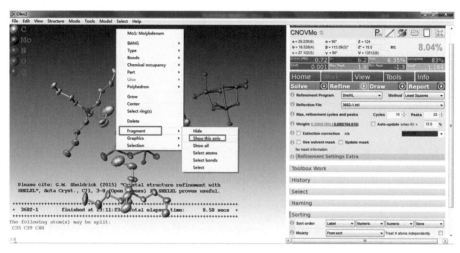

图 4-44

② 如图 4-45 所示，选择 Mo1、Mo2、Mo3，在 Toolbox Work 中点击 Split 将 Mo1、Mo2、Mo3 分裂为 Mo1、Mo2、Mo3 和 Mo1a、Mo2a、Mo3a，用 Naming 将 Mo1a、Mo2a、Mo3a 命名为 V1、V2、V3。

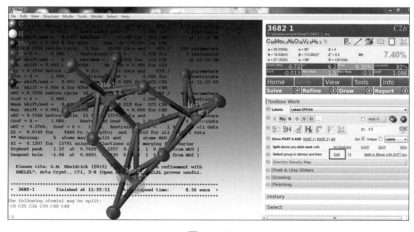

图 4-45

③ 只有一个自由变量，且把变量控制在 V 上，控制自由变量和 0.5，指令 sump 0.5、0.01、1.02。点击 就可以看到已经写好了裂分，如图 4-46 所示。

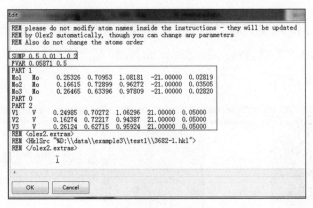

图 4-46

④ 同样办法，将 Mo4、Mo5、Mo6 分裂为 Mo4、Mo5、Mo6 和 Mo4a、Mo5a、Mo6a，用 Naming 将 Mo4a、Mo5a、Mo6a 命名为 V4、V5、V6。只有一个自由变量，且把变量控制在 V 上，控制自由变量和 0.5，指令 sump 0.5、0.01、1.03；将两个自由变量和控制为 1，sump 0.5、0.01、1.02、1.03，同时控制 Mo 与 V 为同一位置，如图 4-47 所示。

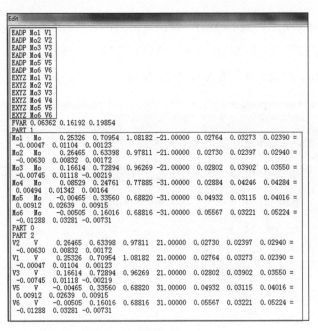

图 4-47

⑤ 总的设置后，点击refine多次精修直到Shift变绿，精修结果如图4-48所示。

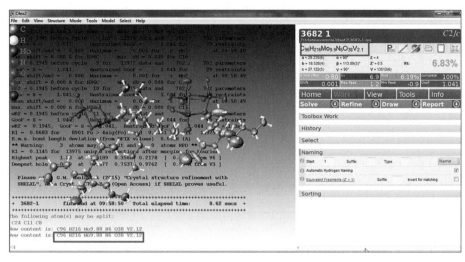

图4-48

4.2.4.2 位置置换的不平均化处理

V的位置不固定，但一个簇结构中只能有0.5个V原子，因此进行不平均化处理位置无序。

① 对Mo原子的分裂步骤与前面一样，参考4.2.4.1内容。

② 把变量定位在V上，让Mo V原子，是为了方便控制V的总占有率，一个簇结构里有0.5个V原子，两个簇结构里有1个V原子。

a. 限制占有率：

Sump 0.5 0.01 1 2 1 3 1 4（0.5为占有率，0.01为精确度。1为线性系数，2 3 4为自由变量）

Sump 0.5 0.01 1 5 1 6 1 7

Sump 1 0.01 1 2 1 3 1 4 1 5 1 6 1 7

b. 限制Mo与V原子的椭球一样大小：

EADP Mo1 V1

EADP Mo2 V2

EADP Mo3 V3

EADP Mo4 V4

EADP Mo5 V5

EADP Mo6 V6

c. 限制 Mo 与 V 的原子占有同样的位置：

EXYZ Mo1 V1

EXYZ Mo2 V2

EXYZ Mo3 V3

EXYZ Mo4 V4

EXYZ Mo5 V5

EXYZ Mo6 V6

因此，原子分裂和设置如图 4-49 所示。

```
EADP Mo1 V1
EADP Mo2 V2
EADP Mo3 V3
EADP Mo4 V4
EADP Mo5 V5
EADP Mo6 V6
EXYZ Mo1 V1
EXYZ Mo2 V2
EXYZ Mo3 V3
EXYZ Mo4 V4
EXYZ Mo5 V5
EXYZ Mo6 V6
SUMP 0.5 0.01 1 2 1 3 1 4
SUMP 0.5 0.01 1 5 1 6 1 7
SUMP 1 0.01 1 2 1 3 1 4 1 5 1 6 1 7

FVAR 0.06258 0.07877 0.29726 0.11108 0.16331 0.17318 0.19274
PART 1
Mo1    Mo     0.25321   0.70962   1.08177  -21.00000   0.02977
Mo2    Mo     0.16620   0.72869   0.96276  -31.00000   0.02868
Mo3    Mo     0.26470   0.63404   0.97815  -41.00000   0.02955
Mo4    Mo     0.08524   0.24760   0.77878  -51.00000   0.03928
Mo5    Mo    -0.00469   0.33565   0.68823  -61.00000   0.03789
Mo6    Mo    -0.00510   0.16019   0.68816  -71.00000   0.04275
PART 0
PART 2
V1     V      0.25321   0.70962   1.08177   21.00000   0.02977
V2     V      0.16620   0.72869   0.96276   31.00000   0.02868
V3     V      0.26470   0.63404   0.97815   41.00000   0.02955
V4     V      0.08524   0.24760   0.77878   51.00000   0.03928
V5     V     -0.00469   0.33565   0.68823   61.00000   0.03789
V6     V     -0.00510   0.16019   0.68816   71.00000   0.04275
```

图 4-49

③ 点击 Refine 进行精修，更新分子式，得到的结果如图 4-50 所示，表明裂分正确。

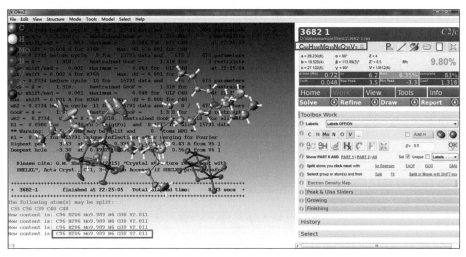

图 4-50

4.2.5 位置无序处理

① 对四丁基季铵盐的原子进行精修，主要进行的是 C40 原子的位置无序，引用 PART 1、PART 2。方法是把与 C39 相连的两个 Q 峰命名为 C40A 和 C40B，然后选择 C40A 和 C40B，点击 ，进行输入 PART 1 和 PART 2，自由变量是 0.5，如图 4-51 所示。

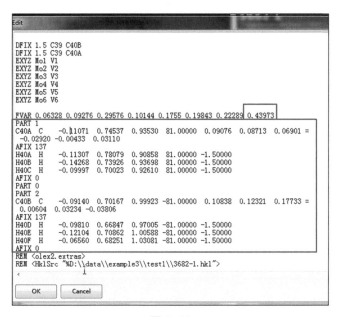

图 4-51

② 对四丁基季铵盐的原子进行精修，键长的限制 DFIX 和对温度因子比较高的 C 原子进行近似各向同性限制 ISOR。选择需要限制键长的两个原子，点击 Tools 下面的 Shelx Compatible Restraints 中的 DFIX 限制，近似各向同性限制 ISOR 也是包含在里面，如图 4-52 所示。这些指令加入后可以点击 查看，指令结果如图 4-53 所示。

图 4-52

图 4-53

4.2.6　结构权重精修，产生 cif 文件

对结构权重精修，产生 cif，精修结果如图 4-54 所示，精修结果合理。结构解析结束。

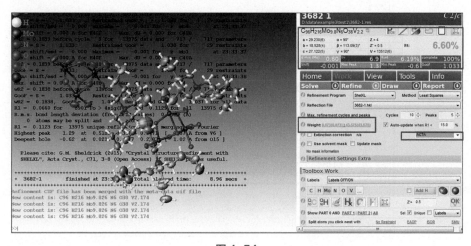

图 4-54

4.2.7 检测 cif 文件及产生结构信息报告

① 打开检查 cif 的网址：http://checkcif.iucr.org/，检查警告 A、B、C。

② 产生结构信息报告：点击 Report 按钮，产生的是网页版的信息报告，需要将结构信息复制到新表格中。

4.2.8 小结

本节中的例子是含有多种重金属元素，采用 ShelXS 中的直接法进行解析。介绍了对结构进行 Mo 和 V 原子的置换无序及四丁基季铵盐结构出现的位置无序，键长键角的限制，温度因子比较大的原子进行近似各向同性处理等结构无序的处理方法。

4.3 手性晶体绝对构型的确定与翻转

以手性有机化合物 example 4 为例，讲解手性晶体的绝对构型确定和手性构型的翻转。

4.3.1 建立文件夹，运行 xprep 程序

① 建立文件 test1 包含 66.hkl 和 66.p4p；打开 Olex2 软件，点击菜单栏的 file>open，打开 66.hkl，运行 XPREP 程序。出现如图 4-55 界面。Mean（I/sigma）

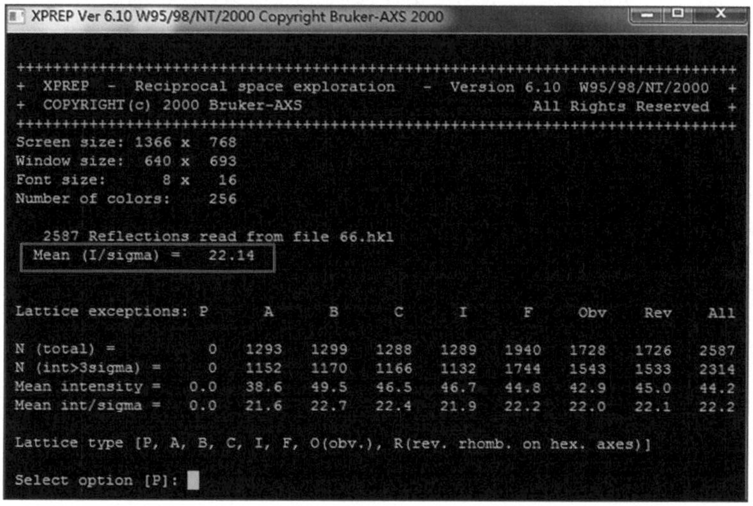

图 4-55

信噪比一般大于 10，表明数据比较好。本例中 Mean（I/sigma）为 22.14，表明数据特别好。

② 一直回车直到出现空间群选项如图 4-56 所示，CFOM 值最小的选项，选择 CFOM 为 0.65，表明数据特别好。

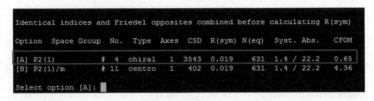

图 4-56

③ 一直回车，直到出现元素符号图 4-57，确定元素符号为 C O H。

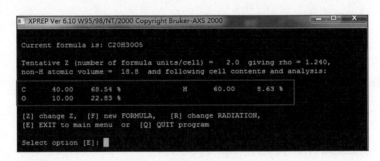

图 4-57

④ 一直回车，直到出现如图 4-58 所示，Output file name{without extension} [66]：输出文件名为 66-1，生成新的 hkl 文件选项；Do you wish to {over} write the intensity data file 66-1.hkl？[N]：输入"y"，回车，再回车，退出程序。

4.3.2 利用 Solve 解出初始结构

① 如图 4-59 所示，菜单栏 file>open>66-1.hkl，用 Solve-ShelXS-Direct Methods 程序，点击 Solve 。

② 初始结构如图 4-60 所示。

图上显示多个褐色的圆球，这些圆球均为 Q 峰，且颜色深浅表示电子云密度的大小。通过滚轮上/下滚动可以增加/减少显示一个 Q 峰，滚动滚轮让屏幕中只显示适当的 Q 峰后，点击 C H O... 按钮，这就是解出的粗结构，如图 4-61 所示。

图 4-58

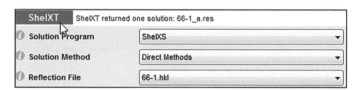

图 4-59

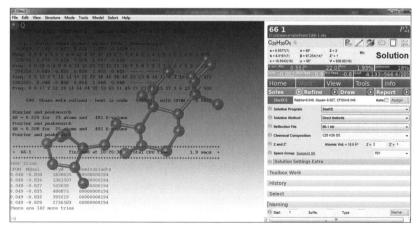

图 4-60

第 4 章 解析实例

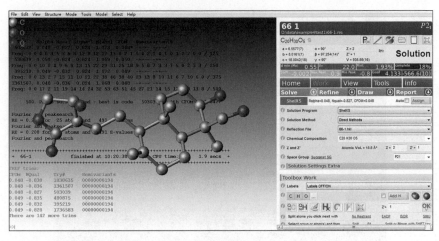

图 4-61

4.3.3 结构精修

① 同性精修，并寻找未找到的原子。方法是点击图 4-62 中 Refine 按钮后的小三角 Refine ，在 Refinement Program 中选择 ShelXL，Reflection File 中选择 66-1.hkl，然后按下 Refine 按钮（也可以使用快捷键 Ctrl+R）进行精修。然后再多次按下 Refine 精修多次，直到 Shift 变绿 Shift 0.000 ，残余峰已经在 1 附近为止，如图 4-63 所示。

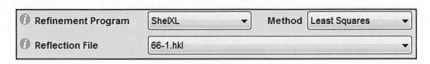

图 4-62

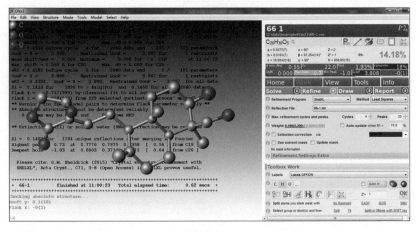

图 4-63

② 各向异性精修。如图 4-64 所示，在 Toolbox Work 中 □ Add H 方块中不打勾，点击 ◎，再点击 Refine 进行精修。

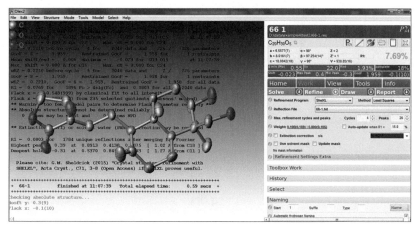

图 4-64

③ 如图 4-65 所示，点击 Naming 给原子命名，然后点击 Refine 更新原子名称，点击 Sorting 排序选择 Sort order：Lable，Numeric，Numeric，Numeric，点击 Sort 进行排序，结果如图 4-66 所示。

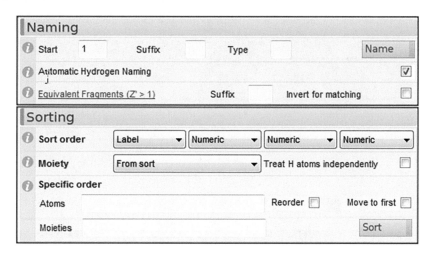

图 4-65

4.3.4 原子加氢

如图 4-67 所示，给原子进行加氢。在 Toolbox Work 点击 Add H ，确定氢键加得合适后，点击 Refine 进行精修。

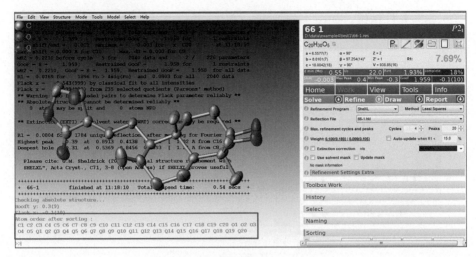

图 4-66

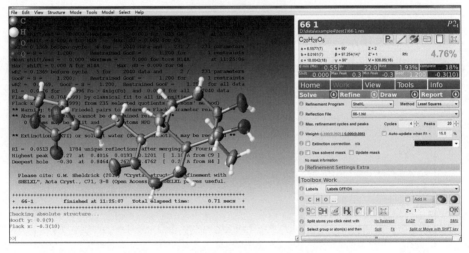

图 4-67

4.3.5 精修中遇到的问题

① 提醒吸收矫正 ** Extinction (EXTI) or solvent water (SWAT) correction may be required **，处理吸收矫正，在 ☑ Extinction correction n/a 方块里打勾，点击 Refine 精修后，n/a 值变为 0.08（8），如图 4-68 所示。

② 在图 4-69 中可知，完整度（Complete）低，需要提高完整度，点击 ✐ 输入 omit -2 53，点击 Refine，精修后完整度提高到 61%。

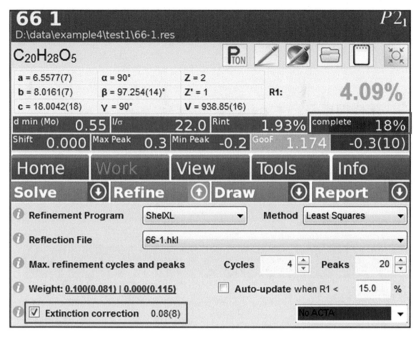

图 4-68

图 4-69

4.3.6 绝对构型的判断

Goof 后面的值为 Flack 参数 X，如果精修的结果中 X 等于或非常接近于 0，且标准误差很小时，表示此绝对结构是正确的；相反，如果 X 等于或非常接近于 1，且标准误差很小时，表示此绝对结构是错误的，其翻转结构才是正确的。因此，对于 X 等于或非常接近于 1 的情况，必须翻转结构，再进行精修。如果 X 介于 0 和 1 之间，且标准误差很小时，表示该晶体可能为倒反孪晶外消旋；如果 X 等于 0.5，表示这两种异构体的比率为 1∶1，应该用孪晶模型进行精修，X=0.5 有可能是孪晶，有可能是消旋。对于如图 4-70 所示，该例子在精修前，Flack 参数 X 为 −0.4（10）。点击 ✎，输入 move 1 1 1 −1 进行结构翻转；点击 Refine 进行精修。精修后，Flack 参数 X 为 1.4（10）。Flack 参数显示红色，表示 Flack 不对，则表明晶体没有手性，是外消旋。

图 4-70

4.3.7 精修权重及产生 cif 文件

如图 4-71 所示，精修权重。在 Auto-update when R1 < 15.0 % 前面打勾，然后点击 Weight 后面值，多次点击 Refine 进行精修，直到 Weight 后面值变绿，Shift 后面变绿为止。点击 ⃞、输入 acta conf 等信息，点击 Refine 进行精修，产生 cif 文件。

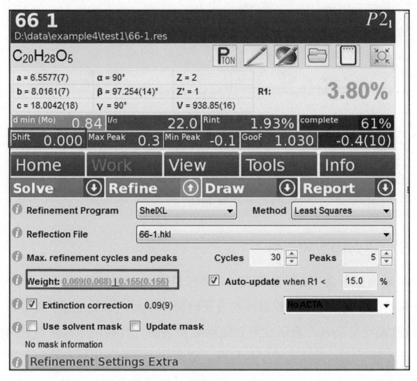

图 4-71

4.3.8 小结

本节主要讲解如何提高精修数据的完整度，如何判断绝对构型并运用 Move 1 1 1 -1 命令进行手性翻转。

4.4 孪晶及孪晶矩阵拆分

以 example 5 为例子，本例子是有机小分子，但是解结构时，分子中出现两个以上的分子，而且 R1 和 Goof 的值一直很高，降不下来，考虑可能是由于空间群错误或者孪晶的存在。

4.4.1 建立文件夹，进行 XPREP 程序

① 如图 4-72 所示，建立包含 3369.hkl 和 3369.p4p 的文件夹 test1，在 Olex2 软件的菜单栏 file 选项中打开 3369.hkl，在命令行 >> 输入 xprep 命令，回车。Mean（I/sigma）值为 4.72，表明数据质量还可以。

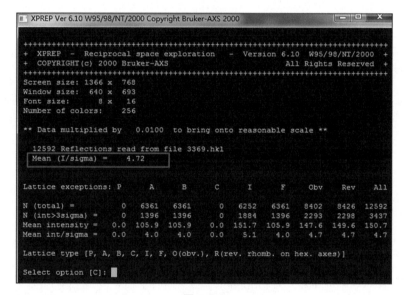

图 4-72

② 一直回车，直到出现图 4-73 所示 Search for higher METRIC symmetry 时，出现多个选项，选择 R（sym）最小一项。选择 D 项。

③ 一直回车，直到出现选择空间群的选项如图 4-74 所示，就一个空间群选项，CFOM 为 2.27。

④ 接下来一直回车，直到需要输入元素的选项如图 4-75 所示。输入元素：CNOH。

⑤ 回车，直到出现需要输出新的 hkl 文件，输出 3369-1.hkl 文件，如图 4-76 所示。

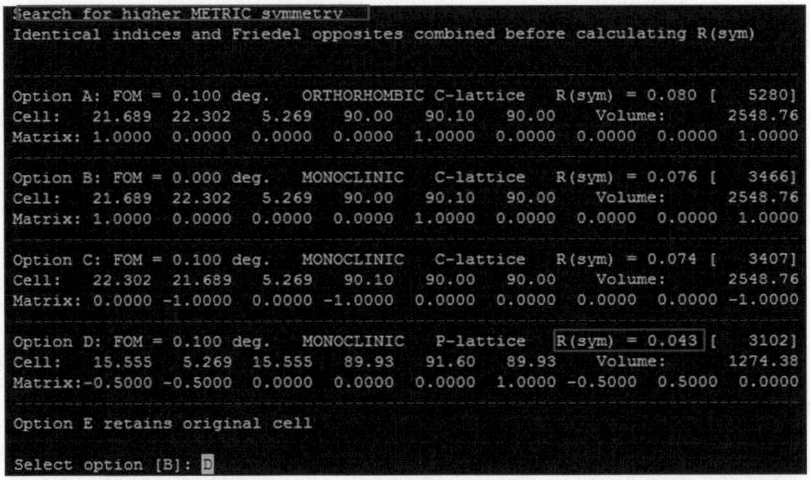

图 4-73

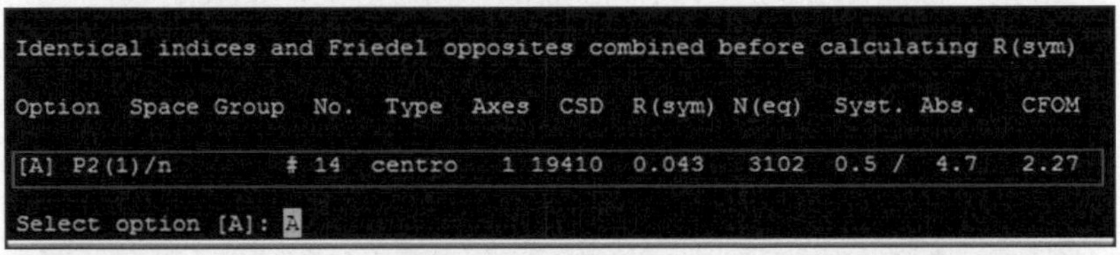

图 4-74

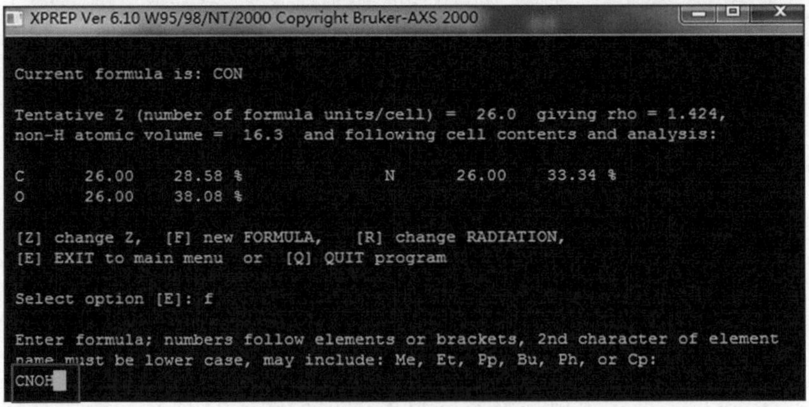

图 4-75

4.4.2 运用 Solve 程序进行初解结构

① 如图 4-77 所示点击菜单栏的 file 打开 3369-1.hkl 文件，点击 Solve ⊙后面的小三角，选择解析程序 ShelXS-Direct Methods 点击 Solve 进行初解结构。

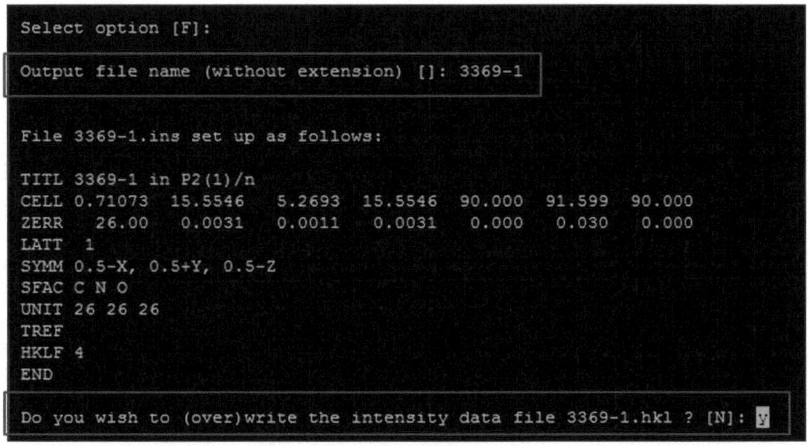

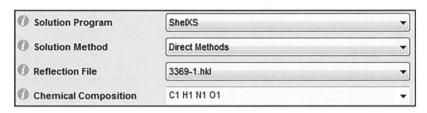

图 4-76

图 4-77

② 如图 4-78 所示，出现初始结构，点击 ![C] 使 Q 与原子相连，点击 ![图标] 使分散的结构最大化地聚在一起。根据分子结构，选择合适的 Q 峰，点击 ![CHNO...] 命名合适的元素，得到如图 4-79 所示。

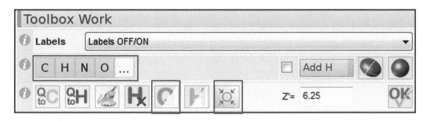

图 4-78

4.4.3 结构精修及原子加氢

① 如图 4-80 所示，点击 Refine 中的小三角，选择 ShelXL 结构各向同性精修，确定没有非氢原子。点击 ![图标] 后，点击 Refine 进行各向异性精修。

② 如图 4-81 所示，分别点击 Naming 和 Sorting 对原子进行重新命名和排序。

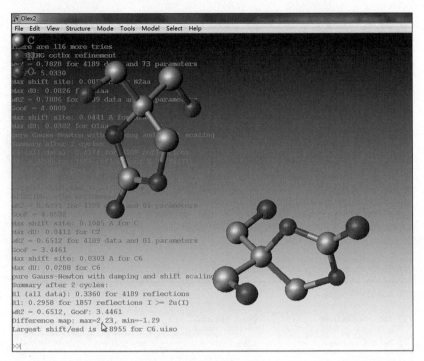

图4-79

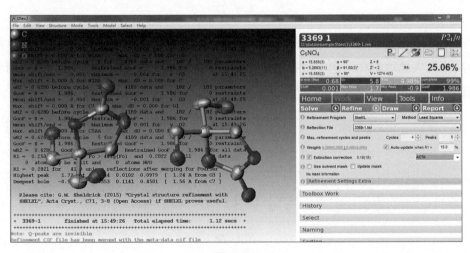

图4-80

③ 如图4-82所示,点击 Add H 给原子进行加氢;点击Refine进行精修,然后加大精修轮数、精修权重,直到Shift变绿为0.000,Weight变绿,结构解析基本完毕。

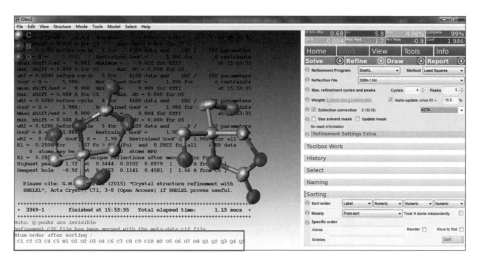

图 4-81

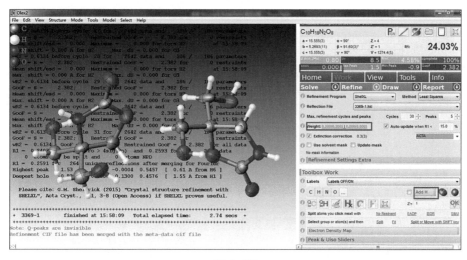

图 4-82

4.4.4 精修中遇到的问题

按照常规的流程解析完毕后,结构中出现两个以上的分子,而且 R1 和 Goof 的值一直很高,降不下来,考虑可能是由于空间群错误或者孪晶的存在,如图 4-83 所示。

(1) 空间群的检查

① 点击 [P] ,进入 Platon 界面,点击 ADDSYM,如图 4-84 所示。

② 如图 4-85 所示,检查结果显示,该数据的空间群没有错误,空间群是 P21/n。

第 4 章 解析实例 **103**

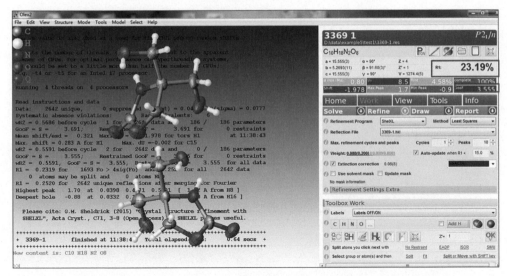

图 4-83

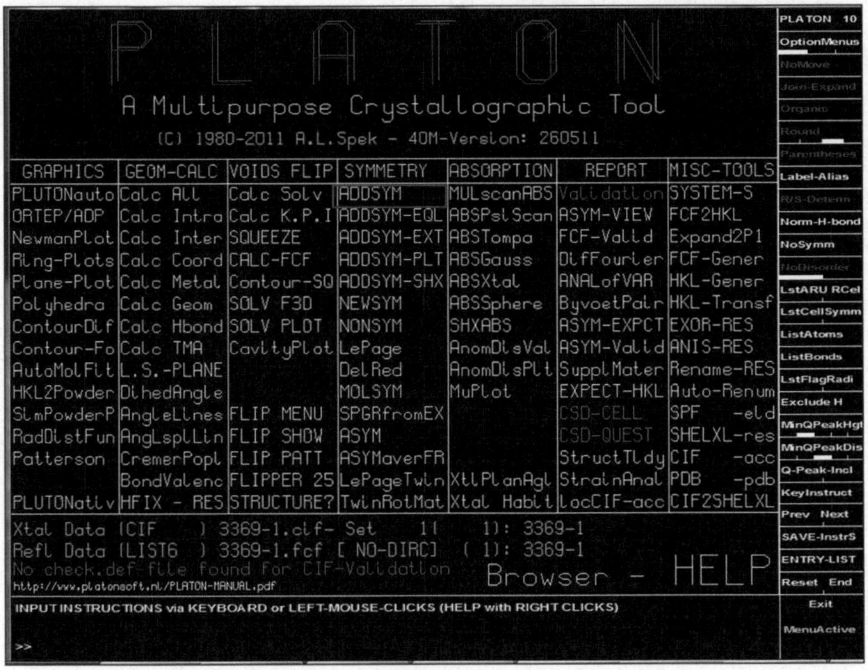

图 4-84

③ 打开 Platon 直接使用 ADDSYM，如果有红色提示且给出新空间群，那么继续选择 Addsym-SHX 就可以生成新的 res 文件，然后用这个 res 文件进行精修即可。

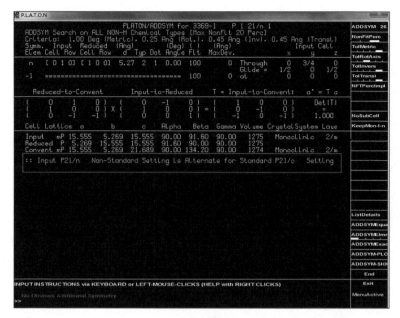

图 4-85

（2）孪晶的检测

① 第一种方法如图 4-86 所示，点击 Tools 中的 Twinning 中 Search for Twin Laws 查找孪晶矩阵。

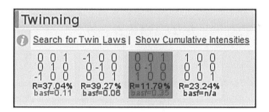

图 4-86

选择 R1 小的矩阵，即写入 ins 文件中，如图 4-87 所示。

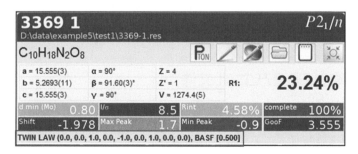

图 4-87

② 第二种方法如图 4-88 所示，点击 [PTON] 进入 Platon 界面，点击 TwinRotMat，即可检测是否存在孪晶及孪晶矩阵。

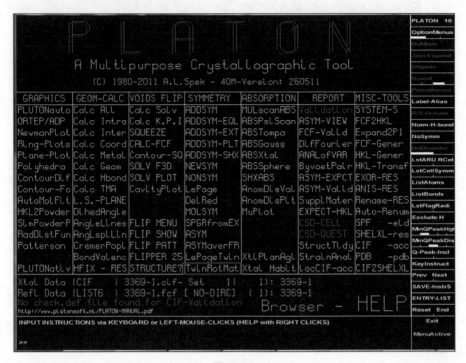

图 4-88

如图 4-89 所示，查到的结果为该结构存在孪晶，并且查到了孪晶矩阵即绿色部分而且分 2 块（现在的矩阵 1 个和原来的矩阵 1 个），将下面的指令写进 ins 文件中。

BASF 0.40
TWIN 0 0 1 0 -1 0 1 0 0 2

点击 [/]，写进 ins 文件中。

③ 按照正常的晶体精修即可，点击 Refine，发现 R1 值下降，Goof 值升高，说明该数据存在孪晶，且孪晶处理成功。

4.4.5　精修权重及产生 cif 文件

多次精修直到精修到权重变绿，Shift 变为绿色的 0.000，输入 acta conf 等信息，点击 Refine 进行精修，产生 cif 文件，最后结果如图 4-90 所示。

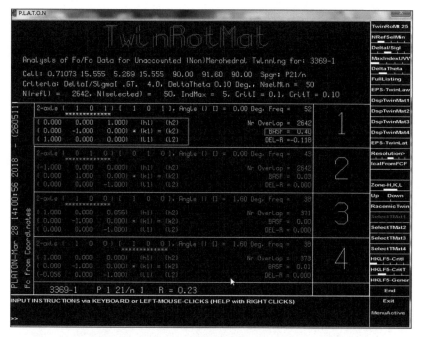

图 4-89

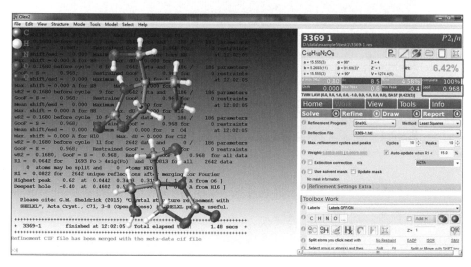

图 4-90

4.4.6 小结

本节主要介绍当遇到按照常规的流程解析完毕后，结构中出现两个以上的分子，而且 R1 和 Goof 的值一直很高且降不下来的这种精修问题时，要考虑是否存在空间群错误或者孪晶的存在，详细讲解了如何检查空间群及孪晶的判断与处理。

第 4 章 解析实例

4.5 无序的处理及限制命令的应用

以 example 6 为例子，本例子结构比较简单，但是存在着无序，需要无序处理及几何限制和位移参数的设置。

4.5.1 建立文件夹，进行 XPREP 程序

① 如图 4-91 所示，建立文件夹 test1 中包含 270.hkl 和 270.p4p，在 Olex2 中菜单栏 file 打开 270.hkl，在命令行 >> 输入 xprep，回车，Mean（I/sigma）为 9.64，说明数据质量还可以。

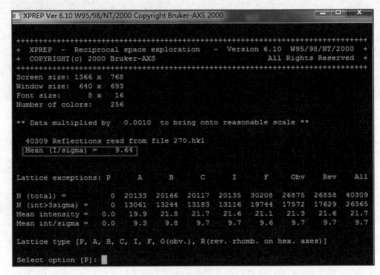

图 4-91

② 一直回车，直到选择空间群选项图 4-92，Mean|E*E−1| 为 0.954，CFOM 为 1.33，数值比较小，选择 P2(1)/C。

③ 回车，直到到输入元素的选项图 4-93，输入元素 MoCNOH。

④ 回车，直到出现输入文件名"Output file name（without extension）[270]："输入 270-1；"Do you wish to（over）write the intensity data file 270-1.hkl？[N]："输入"Y"，产生 270-1.hkl 文件，如图 4-94 所示。

4.5.2 利用 Solve 解出初始结构

① 如图 4-95 和图 4-96 所示，在 Olex2 中菜单栏 file 选项打开 270-1.hkl，点击

Solve 后面的小三角，选择 ShelXS-Direct Methods-270-1.hkl 后，点击 Solve 进行初解结构。

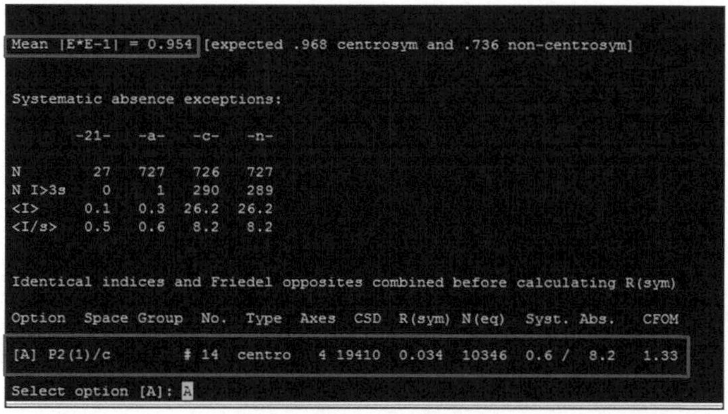

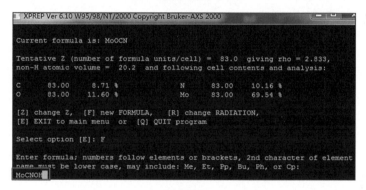

图 4-92

图 4-93

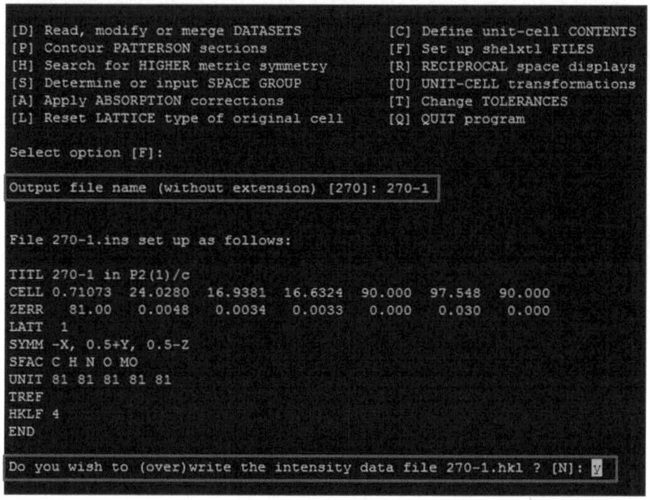

图 4-94

第 4 章 解析实例　　**109**

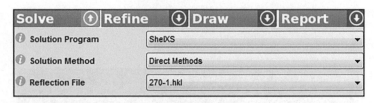

图 4-95

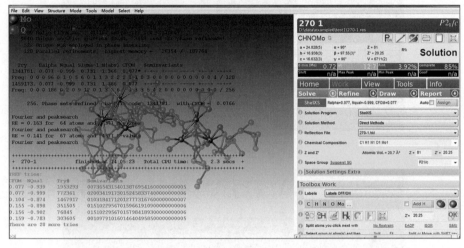

图 4-96

② 图 4-97 上显示多个褐色的圆球，这些圆球均为 Q 峰，且颜色深浅表示电子云密度的大小。通过滚轮上/下滚动可以增加/减少显示一个 Q 峰，滚动滚轮让屏幕中只显示适当的 Q 峰后点击 CHNOMo 按钮，定出原子。

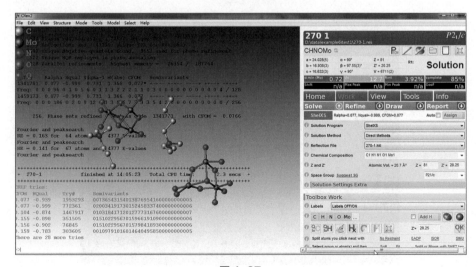

图 4-97

4.5.3 结构精修及原子加氢

① 如图 4-98 所示，对结构进行同性精修，点击 Refine 后面的小三角，选择 Refinement Program 中的 ShelXL 精修，指定剩下的原子。Grow 后的结构如图 4-98 所示。

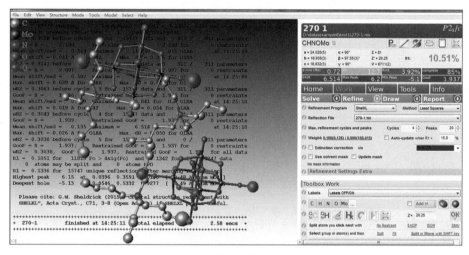

图 4-98

② 如图 4-99 所示，点击 Toolbox Work 中 ，然后点击 Refine 进行各向异性精修。

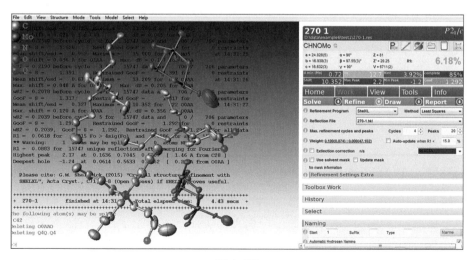

图 4-99

③ 如图 4-100 所示，运用 Naming 对原子进行命名和运用 Sorting 原子序号排序。

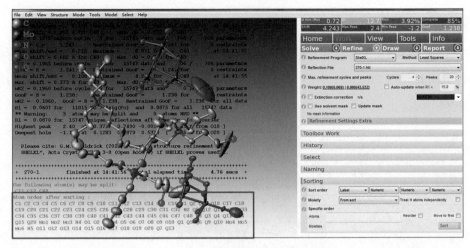

图 4-100

④ 如图 4-101 所示,对原子进行加氢,点击 Add H ,然后点击 Refine 精修。

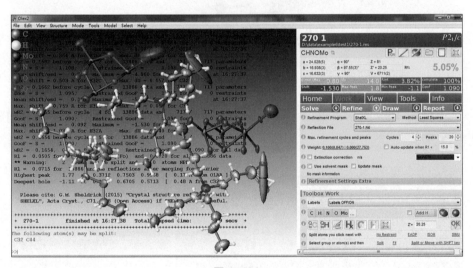

图 4-101

4.5.4 位置无序进行处理

如图 4-102 所示,提示 C32、C43、C44 进行分裂,而且 C32、C43、C44 三个原子的椭球比较大,电子云密度比较大,表明三个原子无序。C32 和 C44 旁边都有 Q 峰,因此对两个原子进行裂分。先删除 C32 上的氢原子,选择 C32,点击 Toolbox Work 中 Split,然后按住 Shift 将原子拉到 Q 峰上,进行原子分裂,位置不合适的话点击 fit 进行移动原子到 Q 峰上。系统会自动写好原子分裂的坐标。

C43、C44 原子也进行同样的处理。然后点击 Refine 进行精修。

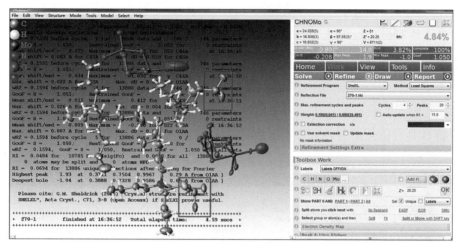

图 4-102

4.5.5 限制命令的应用

（1）对原子键长进行限制

在 C32、C43 和 C44 分裂精修后，需要对相邻的 C—C 限制键长为 1.54Å，点击工具栏 Tools ，在 Shelx Compatible Restraints 中选择 dfix 指令。然后 Refine 精修后加氢，如图 4-103 所示。

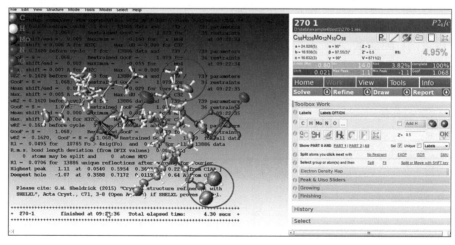

图 4-103

（2）精修限定使用

如图 4-104 所示，与 N 相连的 O10 和 O20 的椭球比较大，对两个原子进行无序处理，首先选择 O10、O20。点击 Tool 中的 Shelx Compatible Restraints 中 isor 0.01 0.02，对它们进行各向同性化处理；点击 Refine 精修，令两原子的椭球变小点。再选择 N4 O10 DELU 0.01 0.01，N5 O20 DELU 0.01 0.01，限制 O10 与 N4 沿成键方向的各向异性位移参数限制相等，限制 O20 与 N5 沿成键方向的各向异性位移参数限制相等；点击 Refine 进行精修后，O10、O20 椭球变小了很多。特别注意，加限定命令，要求在结构是合理的，不能一味追求原子椭球的完美。N—O 键上的 O 具有催化活性，最好不能强制磨平。

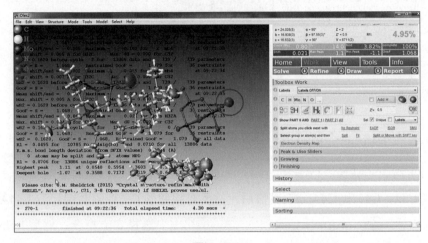

图 4-104

4.5.6 精修权重及产生 cif 文件

权重精修至收敛，产生 cif 文件，精修结束，如图 4-105 所示。

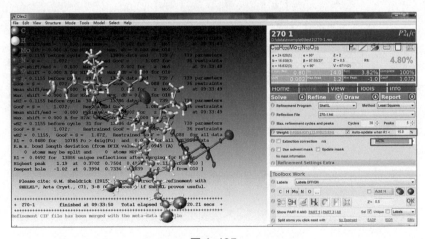

图 4-105

4.5.7 小结

本节主要讲解位置无序处理及一些几何、位移参数等限制。精修尽量在结构上是合理的，精修只是数学上的精修，要结合化学的意义性，在精修中尽可能地少加限定。本例子中，端基 N—O 键上的 O 活性很高，具有催化性质，若强制加命令磨平，就掩盖了重要信息。

4.6 晶体空间群变换及对称性检查

以 example 7 为例，本例子数据处理比较难，衍射数据质量不好，多空间群。主要是尝试用重原子法和直接法搭模型，然而即使知道正确的空间群，也解不出来初始结构，需要通过 Superflip 等搭建结构模型，升空间群解析结构。打开 pwt 程序 -file- 选择文件 cif-start-date-mimu，进入 Platon 界面 -ADDSYM- 找更高对称性，寻找新的高空间群（通过矩阵转换得到的）- 点击 ADDSYM-SHX 进行升高空间群产生新的 ins 文件。

4.6.1 建立文件夹，进行 XPREP 程序

① 如图 4-106 所示，建立文件夹 test1 中包含 902.hkl 和 902.p4p，在 Olex2 中菜单栏 file 打开 902.hkl，在命令行 >> 输入 xprep，回车，Mean（I/sigma）为 3.32，说明数据质量比较差，在后续解晶体过程会遇到麻烦。

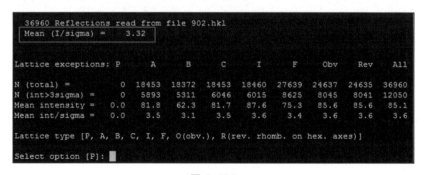

图 4-106

② 一直回车，直到出现选择空间群时如图 4-107 所示，出现了红色警告，没有合适的空间群。

③ 一直回车，直到重新确定空间群选项如图 4-108 所示，降低空间群，从

Orthorhombic 降到 Monoclinic 空间群，选择项改为“M”。

```
Identical indices and Friedel opposites combined before calculating R(sym)

Option  Space Group  No.  Type  Axes  CSD  R(sym) N(eq)  Syst. Abs.   CFOM

No acceptable space group -- change tolerances or unset chiral flag
or possibly change input lattice type, then recheck cell using H-option

Select option [?]:
```

图 4-107

```
[S] Determine SPACE GROUP
[C] Must be CHIRAL (sample is optically active)
[N] NOT NECESSARILY chiral (eg. may be racemate)
[I] INPUT known space group
[E] EXIT to main menu  or  [Q] QUIT program

Select option [S]:


[A] Triclinic,  [M] Monoclinic,  [O] Orthorhombic,  [T] Tetragonal,
[H] Trigonal/Hexagonal,  [C] Cubic  or  [E] EXIT

Select option [O]: M
```

图 4-108

④ 一直回车，直到出现选择空间群选项如图 4-109 所示，选择是 CFOM 最小的选项“P2(1)/n”空间群。

```
Identical indices and Friedel opposites combined before calculating R(sym)

Option  Space Group  No.  Type  Axes  CSD  R(sym) N(eq)  Syst. Abs.   CFOM

[A] P2            #  3  chiral    1    29  0.077   8751  0.0 /  1.1  24.66
[B] P2/m          # 10  centro    1    21  0.077   8751  0.0 /  1.1  15.12
[C] Pm            #  6  non-cen   1     1  0.077   8751  0.0 /  1.1  71.33
[D] P2(1)/n       # 14  centro    1 19410  0.077   8751  1.2 /  3.6   5.35

Select option [D]:
```

图 4-109

⑤ 一直回车，直到出现输入文件名“Output file name（without extension）[ ]:”输入 902-1；“Do you wish to（over）write the intensity data file 902-1.hkl ？ [N]：”输入“Y”，产生 902-1.hkl 文件如图 4-110 所示。

4.6.2 利用 Solve 解出初始结构

① 在 Olex2 菜单栏 file 中打开 902-1.hkl，点击 Solve 后面的小三角，选择 Superflip-Charge Flipping-902-1.hkl 后，点击 Solve 进行初解结构。也可以尝试

选择其他的解析程序，主要目的搭建初始模型，如图 4-111 和图 4-112 所示。

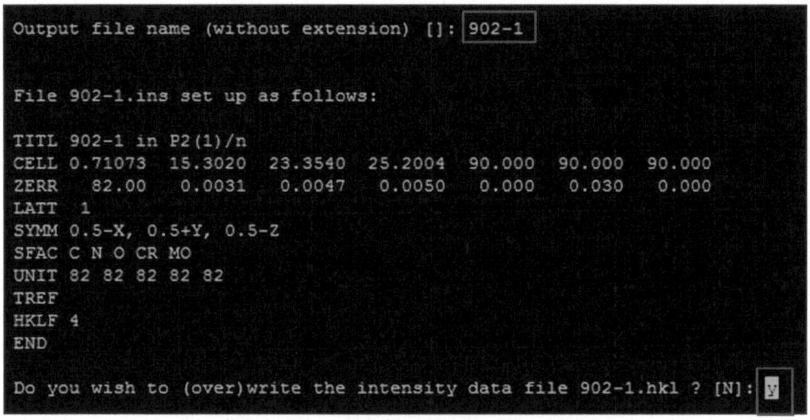

图 4-110

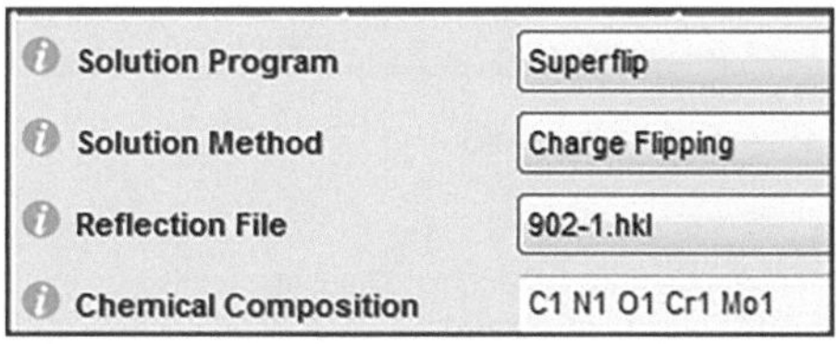

图 4-111

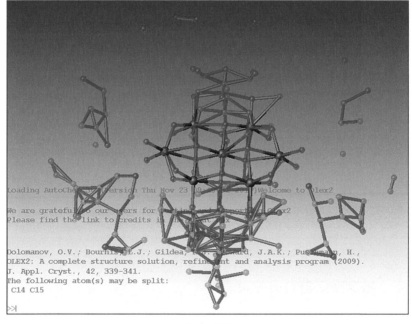

图 4-112

② 图上显示多个褐色的圆球，这些圆球均为 Q 峰，且颜色深浅表示电子云密度的大小。通过滚轮上 / 下滚动可以增加 / 减少显示一个 Q 峰，滚动滚轮让屏幕中只显示适当的 Q 峰后点击 C H N O Mo... 按钮，先定出了簇结构，如图 4-113 所示。

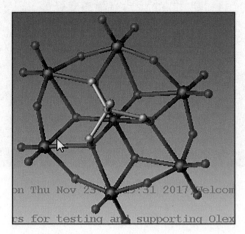

图 4-113

4.6.3 结构精修

加大精修 Q 峰数，点击 Refine 精修，逐渐定出阳离子 $[N(CH_2CH_2CH_2CH_3)_4]^+$，定出完整的骨架，如图 4-114 所示。

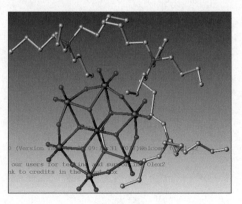

图 4-114

4.6.4 检测空间群及升空间群

① 如图 4-115 所示，点击 P 进入 PLATON 界面，选择 ADDSYM 选项。

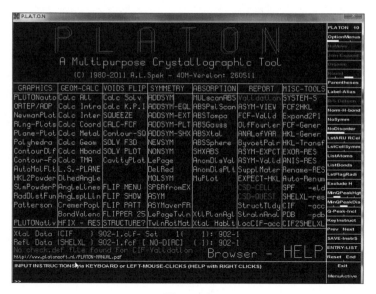

图 4-115

② 从图 4-116 可以看到结果是 Suggested SPGR = Pnma 可知，正确的空间群应该是 Pnma。因此需要升高空间群，点击右下角的"ADDSYM-SHX"进行升高空间群。

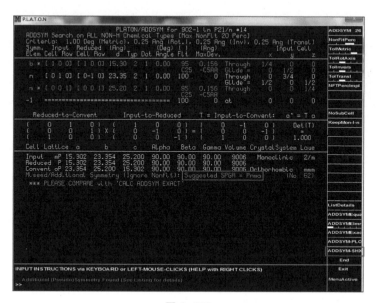

图 4-116

③ 如图 4-117 所示，产生了新的 902-1.res 文件，用 Olex2 重新打开，继续解析即可。

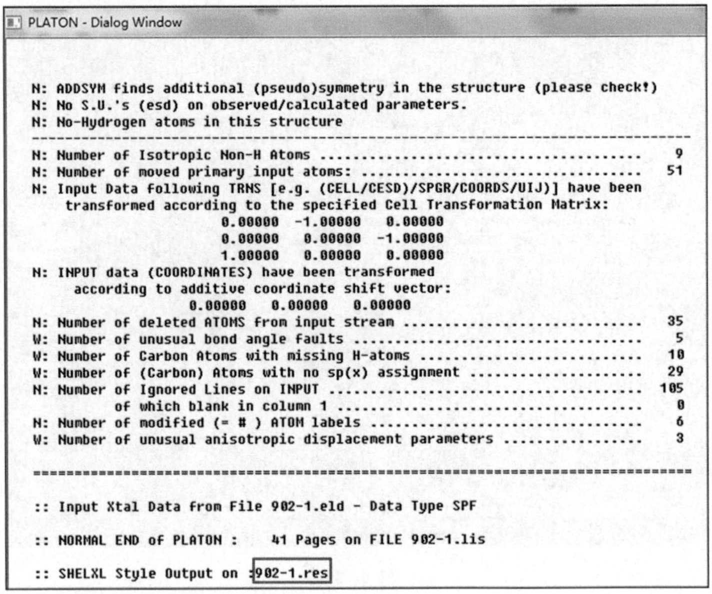

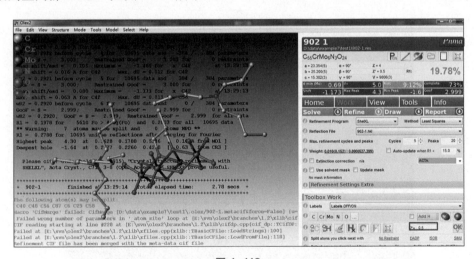

图 4-117

④ 用 Olex2 打开新的 902-1.res 文件，点击 Refine 精修，可以看到已经成功升级到空间群 Pnma，如图 4-118 所示。

图 4-118

4.6.5 精修的结果，产生 cif 文件

继续精修，给原子加氢，限制命令来限制阳离子等操作后，精修权重至收敛，产生 cif 文件后的精修结果如图 4-119 所示。

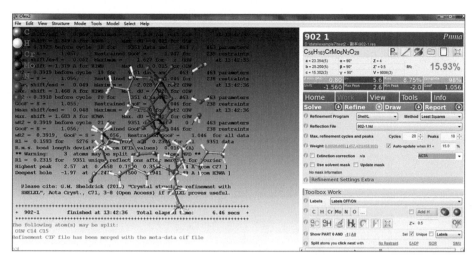

图 4-119

4.6.6 小结

本节主要讲解的是面对衍射数据质量不好，多空间群，即使知道正确的空间群也解不出新的结构的晶体数据，该如何处理。尝试的方法是先降低空间群，然后用 Superflip、重原子法和直接法搭建出初始结构模型，然后再利用 PLATON 升级空间群。

Olex2

第5章

cif文件的详细解析、检测及CCDC号的申请

5.1 cif 格式详细讲解

以 example 1 为例，如表 5-1，详细讲解由 Olex 1.2 产生的 cif 文件格式。如表 5-1 所示，cif 是 ASCII 码文件，每行不能超过 80 个字符，由单引号限定的数据串不能超过一行，可有空格；由分号限定的数据串可超过一行，可有空格；每个数据名称后面必须有数据项，如果没有应加 " ? "。cif 文件中需要手动填写的内容，在重新精修后产生的新的 cif 文件需要重新填写。如果需要填的信息没有填，会在 cif 检测时出现提示。

表 5-1　zjw 晶体数据的 cif 文件内容

```
data_zjw-2                                                          数据名称
_audit_creation_date                        2018-03-29
_audit_creation_method
;
Olex2 1.2
（compiled 2017.03.28 svn.r3405 for OlexSys，GUI svn.r5337）         产生 CIF 的程序名称
;
_shelx_SHELXL_version_number                '2016/6'                运用 SHELXL 的版本
_publ_contact_author_address                ?
_publ_contact_author_email                  ?
_publ_contact_author_id_orcid               ?
_publ_contact_author_name                   ''
_publ_contact_author_phone                  ?
_publ_section_references                                            参考文献
;
Dolomanov, O.V., Bourhis, L.J., Gildea, R.J, Howard, J.A.K. & Puschmann, H.
（2009），J. Appl. Cryst. 42，339-341.
Sheldrick，G.M.（2008）. Acta Cryst. A64，112-122.
Sheldrick，G.M.（2015）. Acta Cryst. C71，3-8.
;
_chemical_name_common                       ?                       化合物的俗名
_chemical_name_systematic                   ?                       化合物的系统命名
_chemical_formula_moiety                    'C17 H17 N O4'          化合物的分子式
_chemical_formula_sum                       'C17 H17 N O4'
_chemical_formula_weight                    299.31                  化合物的分子量
_chemical_melting_point                     ?                       化合物的熔点
loop_
 _atom_type_symbol                                                  构成化合物的原子散射因子来源
 _atom_type_description
 _atom_type_scat_dispersion_real
 _atom_type_scat_dispersion_imag
 _atom_type_scat_source
'C' 'C' 0.0033 0.0016
'International Tables Vol C Tables 4.2.6.8 and 6.1.1.4'
'H' 'H' 0.0000 0.0000
'International Tables Vol C Tables 4.2.6.8 and 6.1.1.4'
```

```
 'N'  'N'   0.0061  0.0033
 'International Tables Vol C Tables 4.2.6.8 and 6.1.1.4'
 'O'  'O'   0.0106  0.0060
 'International Tables Vol C Tables 4.2.6.8 and 6.1.1.4'
_shelx_space_group_comment                                                    shelx 程序空间群的解释
;                                                                             分号为解释的内容
The symmetry employed for this shelxl refinement is uniquely defined
by the following loop，which should always be used as a source of
symmetry information in preference to the above space-group names.
They are only intended as comments.
;
_space_group_crystal_system           'monoclinic'                            晶系名称（晶系在 .pcf 文件中）
_space_group_IT_number                14                                      空间群国际编号
_space_group_name_H-M_alt             'P 1 21/c 1'                            空间群名称（空间群在 .pcf 或者
                                                                              .ins 文件中）
_space_group_name_Hall                '-P 2ybc'                               Hall 空间群
loop_
    _space_group_symop_operation_xyz                                          晶胞中等效坐标
 'x, y, z'
 '-x, y+1/2, -z+1/2'
 '-x, -y, -z'
 'x, -y-1/2, z-1/2'
_cell_length_a                        10.035（2）                             晶胞参数
_cell_length_b                        12.119（2）
_cell_length_c                        13.430（3）
_cell_angle_alpha                     90
_cell_angle_beta                      110.44（3）
_cell_angle_gamma                     90
_cell_volume                          1530.5（6）
_cell_formula_units_Z                 4
_cell_measurement_reflns_used         ?                                       用于确定晶胞的衍射点数（晶胞测
                                                                              量所使用衍射数，在 .pcf 文件中）
_cell_measurement_temperature         ?                                       测量晶胞时的温度（在 ins 中加入
                                                                              temp 指令或者直接填写）
_cell_measurement_theta_max           ?                                       用于确定晶胞的衍射点的最大 θ 值
                                                                              （在 .ls 文件中）
_cell_measurement_theta_min           ?                                       用于确定晶胞的衍射点的最小 θ 值
                                                                              （在 .ls 文件中）
_shelx_estimated_absorpt_T_max        ?
_shelx_estimated_absorpt_T_min        ?
_exptl_absorpt_coefficient_mu         0.093                                   单胞的线性吸收系数
_exptl_absorpt_correction_T_max       ?                                       最大透过率
_exptl_absorpt_correction_T_min       ?                                       最小透过率
_exptl_absorpt_correction_type        'multi-scan'                            吸收校正方法
_exptl_absorpt_process_details        ?                                       吸收校正所用方法及其文献
_exptl_absorpt_special_details        ?                                       吸收细节描述
_exptl_crystal_colour                 ?                                       被测单晶的外观颜色（在 .pcf 文件
                                                                              中）
_exptl_crystal_density_diffrn         1.299                                   被测单晶的计算密度
_exptl_crystal_density_meas           ?                                       被测单晶的测量密度
_exptl_crystal_density_method         ?                                       测量单晶密度方法
_exptl_crystal_description            ?                                       被测单晶的外观形状（在 .pcf 文件
                                                                              中）
```

		续表
_exptl_crystal_F_000	632	单胞中电子数
_exptl_crystal_size_max	?	被测单晶的外观尺寸（在 .pcf 文件中）
_exptl_crystal_size_mid	?	
_exptl_crystal_size_min	?	
_exptl_transmission_factor_max	?	
_exptl_transmission_factor_min	?	
_diffrn_reflns_av_R_equivalents	0.0267	等效点平均标准误差
_diffrn_reflns_av_unetI/netI	0.0485	平均背景强度与平均衍射强度之比
_diffrn_reflns_Laue_measured_fraction_full	1.000	
_diffrn_reflns_Laue_measured_fraction_max	1.000	
_diffrn_reflns_limit_h_max		衍射指标范围
_diffrn_reflns_limit_h_min	−12	
_diffrn_reflns_limit_k_max	1	
_diffrn_reflns_limit_k_min	−14	
_diffrn_reflns_limit_l_max	16	
_diffrn_reflns_limit_l_min	−15	
_diffrn_reflns_number	3701	总衍射点数
_diffrn_reflns_point_group_measured_fraction_full	1.000	
_diffrn_reflns_point_group_measured_fraction_max	1.000	
_diffrn_reflns_theta_full	25.242	
_diffrn_reflns_theta_max	25.499	结构精修时最大 θ 角
_diffrn_reflns_theta_min	2.166	结构精修时最小 θ 角
_diffrn_ambient_temperature	?	衍射实验时温度
_diffrn_detector_area_resol_mean	?	
_diffrn_measured_fraction_theta_full	1.000	衍射数据收集的完备率
_diffrn_measured_fraction_theta_max	1.000	
_diffrn_measurement_device_type	'multiwire proportional'	衍射仪型号
_diffrn_measurement_method	'phi and omega scans'	收集衍射数据的方式（在 .pcf 文件中）
_diffrn_radiation_monochromator	'graphite'	
_diffrn_radiation_type	MoK\a	衍射类型
_diffrn_radiation_wavelength	0.71073	
_diffrn_source	?	
_reflns_Friedel_coverage	0.000	
_reflns_Friedel_fraction_full		
_reflns_Friedel_fraction_max		
_reflns_number_gt	1570	独立衍射点中强度大于 2σ 的衍射点数
_reflns_number_total	2848	独立衍射点数
_reflns_special_details		结构精修过程中一些细节的说明
; Reflections were merged by SHELXL according to the crystal class for the calculation of statistics and refinement. _reflns_Friedel_fraction is defined as the number of unique Friedel pairs measured divided by the number that would be possible theoretically，ignoring centric projections and systematic absences. ;		
_reflns_threshold_expression	'I > 2\s（I）'	
_computing_cell_refinement	?	

续表

_computing_data_collection	?	收集衍射数据所用程序（在 .pcf 文件中）
_computing_data_reduction	?	衍射数据还原所用程序（在 .pcf 文件中）
_computing_molecular_graphics	'Olex2（Dolomanov et al., 2009）'	发表论文作图所用程序（在 .pcf 文件中）
_computing_publication_material	'Olex2（Dolomanov et al., 2009）'	发表论文制作数据表格所用程序（在 .pcf 文件中）
_computing_structure_refinement	'ShelXL（Sheldrick, 2015）'	结构精修所用程序（在 .pcf 文件中）
_computing_structure_solution	'ShelXS（Sheldrick，2008）'	解析粗结构所用程序（在 .pcf 文件中）
_refine_diff_density_max	0.130	差值傅里叶图中最大残余电子密度峰值
_refine_diff_density_min	−0.138	差值傅里叶图中最小残余电子密度谷值
_refine_diff_density_rms	0.037	差值傅里叶图中平均电子密度
_refine_ls_extinction_coef	0.014（2）	消光校正系数
_refine_ls_extinction_expression	'Fc^*^=kFc[1+0.001xFc^2^\l^3^/sin(2\q)]^-1/4^'	
_refine_ls_extinction_method	'SHELXL-2016/6（Sheldrick 2016）'	消光校正方案及方法
_refine_ls_goodness_of_fit_ref	0.950	对可观察衍射点的 S 值
_refine_ls_hydrogen_treatment	constr	结构精修中氢原子的处理方法
_refine_ls_matrix_type	full	精修矩阵类型
_refine_ls_number_parameters	202	参加结构精修的参数数目
_refine_ls_number_reflns	2848	参加结构精修的衍射点数
_refine_ls_number_restraints	0	结构精修中几何限制数目
_refine_ls_R_factor_all	0.0838	对全部衍射点的 R1 值
_refine_ls_R_factor_gt	0.0414	对可观察衍射点的 R1 值
_refine_ls_restrained_S_all	0.950	对全部衍射点的 S 值
_refine_ls_shift/su_max	0.000	最后精修过程的漂移值
_refine_ls_shift/su_mean	0.000	最后精修过程的平均漂移值
_refine_ls_structure_factor_coef	Fsqd	基于 F2 的结构精修
_refine_ls_weighting_details	'w=1/[\s^2^(Fo^2^)+(0.0607P)^2^] where P=(Fo^2^+2Fc^2^)/3'	权重方案表达式
_refine_ls_weighting_scheme	calc	权重方案
_refine_ls_wR_factor_gt	0.1020	对可观察衍射点的 wR2 值
_refine_ls_wR_factor_ref	0.1279	对全部衍射点的 wR2 值
_refine_special_details	?	精修详情
_olex2_refinement_description		

;
1. Fixed Uiso
   At 1.2 times of：
      All C（H）groups，All C（H，H）groups
   At 1.5 times of：
      All C（H，H，H）groups
2.a Secondary CH2 refined with riding coordinates：
   C10（H10A，H10B）
2.b Aromatic/amide H refined with riding coordinates：
   C3（H3），C4（H4），C5（H5），C6（H6），C8（H8），C12（H12），
   C13（H13），C14（H14），C15（H15）
2.c Idealised Me refined as rotating group：

续表

C1（H1A，H1B，H1C），C17（H17A，H17B，H17C）
;
_atom_sites_solution_hydrogens   geom   获得氢原子的方法
_atom_sites_solution_primary   direct   解析粗结构的方法
_atom_sites_solution_secondary   ?   进一步解析结构的方法
loop_   结构中各原子坐标，各向同性振动
　_atom_site_label   参数，原子占有率等
　_atom_site_type_symbol
　_atom_site_fract_x
　_atom_site_fract_y
　_atom_site_fract_z
　_atom_site_U_iso_or_equiv
　_atom_site_adp_type
　_atom_site_occupancy
　_atom_site_site_symmetry_order
　_atom_site_calc_flag
　_atom_site_refinement_flags_posn
　_atom_site_refinement_flags_adp
　_atom_site_refinement_flags_occupancy
　_atom_site_disorder_assembly
　_atom_site_disorder_group
C1 C −0.1789（4）1.1490（2）−0.1824（2）0.1016（10）Uani 1 1 d . . . . .
H1A H −0.247249 1.098738 −0.227774 0.152 Uiso 1 1 calc GR . . . .
H1B H −0.087687 1.113656 −0.155117 0.152 Uiso 1 1 calc GR . . . .
H1C H −0.172375 1.213261 −0.222275 0.152 Uiso 1 1 calc GR . . . .
C2 C −0.2453（2）1.10014（19）−0.03268（17）0.0609（6）Uani 1 1 d . . . . .
C3 C −0.2987（2）1.13618（19）0.04420（17）0.0623（6）Uani 1 1 d . . . . .
H3 H −0.310756 1.211246 0.052655 0.075 Uiso 1 1 calc R . . . .
C4 C −0.2191（3）0.9893（2）−0.03985（19）0.0687（7）Uani 1 1 d . . . . .
H4 H −0.178520 0.964806 −0.088417 0.082 Uiso 1 1 calc R . . . .
C5 C −0.2531（2）0.91502（19）0.02517（18）0.0660（6）Uani 1 1 d . . . . .
H5 H −0.233513 0.840607 0.020415 0.079 Uiso 1 1 calc R . . . .
C6 C −0.3335（2）1.06144（18）0.10751（16）0.0590（6）Uani 1 1 d . . . . .
H6 H −0.369659 1.086778 0.158319 0.071 Uiso 1 1 calc R . . . .
C7 C −0.3160（2）0.94802（18）0.09777（15）0.0528（5）Uani 1 1 d . . . . .
C8 C −0.3664（2）0.87435（19）0.16288（16）0.0574（6）Uani 1 1 d . . . . .
H8 H −0.373972 0.905714 0.223891 0.069 Uiso 1 1 calc R . . . .
C9 C −0.4031（2）0.76847（19）0.14720（15）0.0542（5）Uani 1 1 d . . . . .
C10 C −0.4051（2）0.69368（17）0.05883（15）0.0554（5）Uani 1 1 d . . . . .
H10A H −0.408897 0.738518 −0.001931 0.066 Uiso 1 1 calc R . . . .
H10B H −0.491688 0.650244 0.038563 0.066 Uiso 1 1 calc R . . . .
C11 C −0.2799（2）0.61551（17）0.08289（14）0.0519（5）Uani 1 1 d . . . . .
C12 C −0.1547（2）0.63028（19）0.16842（16）0.0632（6）Uani 1 1 d . . . . .
H12 H −0.146189 0.690485 0.213151 0.076 Uiso 1 1 calc R . . . .
C13 C −0.2873（2）0.52600（17）0.01740（16）0.0577（6）Uani 1 1 d . . . . .
H13 H −0.369630 0.515049 −0.041154 0.069 Uiso 1 1 calc R . . . .
C14 C −0.0423（2）0.5577（2）0.18871（17）0.0682（6）Uani 1 1 d . . . . .
H14 H 0.040627 0.569450 0.246547 0.082 Uiso 1 1 calc R . . . .
C15 C −0.1756（2）0.45190（18）0.03638（16）0.0603（6）Uani 1 1 d . . . . .
H15 H −0.183402 0.392334 −0.008981 0.072 Uiso 1 1 calc R . . . .
C16 C −0.0527（2）0.46730（19）0.12316（16）0.0595（6）Uani 1 1 d . . . . .

续表

```
C17 C 0.0627（3）0.31015（19）0.08313（18）0.0715（7）Uani 1 1 d . . . . .
H17A H 0.044136 0.337237 0.012379 0.107 Uiso 1 1 calc GR . . . .
H17B H −0.010060 0.258608 0.082801 0.107 Uiso 1 1 calc GR . . . .
H17C H 0.153570 0.274026 0.108020 0.107 Uiso 1 1 calc GR . . . .
N1 N −0.4545（2）0.71667（19）0.22615（14）0.0682（5）Uani 1 1 d . . . . .
O1 O −0.22282（19）1.18110（13）−0.09565（13）0.0810（5）Uani 1 1 d . . . . .
O2 O −0.4563（2）0.76960（17）0.30320（13）0.0946（6）Uani 1 1 d . . . . .
O3 O −0.4940（2）0.62097（17）0.21160（14）0.0982（6）Uani 1 1 d . . . . .
O4 O 0.06354（17）0.39932（14）0.15111（12）0.0771（5）Uani 1 1 d . . . . .

loop_                                                      原子各向异性振动参数
    _atom_site_aniso_label
    _atom_site_aniso_U_11
    _atom_site_aniso_U_22
    _atom_site_aniso_U_33
    _atom_site_aniso_U_23
    _atom_site_aniso_U_13
    _atom_site_aniso_U_12
C1 0.136（3）0.102（2）0.0869（19）0.0044（16）0.0639（19）−0.012（2）
C2 0.0652（14）0.0591（14）0.0582（12）−0.0008（11）0.0213（11）−0.0054（11）
C3 0.0634（14）0.0550（13）0.0658（13）−0.0055（11）0.0194（11）0.0037（11）
C4 0.0833（17）0.0618（15）0.0770（15）−0.0059（12）0.0479（14）−0.0021（13）
C5 0.0766（16）0.0536（13）0.0807（15）−0.0053（12）0.0437（13）0.0009（12）
C6 0.0597（13）0.0627（14）0.0560（12）−0.0104（11）0.0219（11）0.0040（11）
C7 0.0506（12）0.0583（13）0.0495（11）−0.0036（10）0.0174（9）−0.0001（10）
C8 0.0562（13）0.0687（15）0.0496（11）−0.0042（10）0.0212（10）0.0017（11）
C9 0.0548（12）0.0656（14）0.0461（11）0.0019（10）0.0223（9）−0.0006（11）
C10 0.0578（13）0.0586（13）0.0498（11）0.0005（10）0.0189（10）−0.0054（11）
C11 0.0571（12）0.0551（12）0.0454（10）0.0015（10）0.0204（10）−0.0058（11）
C12 0.0659（14）0.0658（14）0.0551（12）−0.0097（11）0.0176（11）−0.0027（12）
C13 0.0583（13）0.0596（14）0.0518（12）−0.0028（10）0.0149（10）−0.0075（11）
C14 0.0633（15）0.0813（17）0.0533（12）−0.0096（12）0.0118（11）0.0011（13）
C15 0.0683（14）0.0569（13）0.0546（12）−0.0058（10）0.0202（11）−0.0043（12）
C16 0.0620（14）0.0638（14）0.0537（12）0.0038（11）0.0214（11）0.0039（12）
C17 0.0774（16）0.0700（16）0.0699（14）0.0008（12）0.0291（12）0.0102（13）
N1 0.0722（13）0.0836（15）0.0537（11）−0.0002（10）0.0283（9）−0.0091（11）
O1 0.1083（14）0.0677（10）0.0749（10）0.0045（9）0.0419（10）−0.0066（10）
O2 0.1246（16）0.1144（15）0.0607（9）−0.0133（10）0.0522（10）−0.0198（12）
O3 0.1380（17）0.0866（14）0.0930（13）−0.0039（11）0.0693（13）−0.0311（13）
O4 0.0747（11）0.0825（11）0.0670（10）−0.0067（9）0.0157（8）0.0177（10）

_geom_special_details                                      分子几何中需要说明的问题
;
    All esds（except the esd in the dihedral angle between two l.s. planes）
    are estimated using the full covariance matrix. The cell esds are taken
    into account individually in the estimation of esds in distances，angles
    and torsion angles；correlations between esds in cell parameters are only
    used when they are defined by crystal symmetry. An approximate（isotropic）
    treatment of cell esds is used for estimating esds involving l.s. planes.
```

;
loop_
  _geom_bond_atom_site_label_1
  _geom_bond_atom_site_label_2
  _geom_bond_distance
  _geom_bond_site_symmetry_2
  _geom_bond_publ_flag

分子中原子间键长列表

C1 H1A 0.9600 . ?
C1 H1B 0.9600 . ?
C1 H1C 0.9600 . ?
C1 O1 1.436（3）. ?
C2 C3 1.389（3）. ?
C2 C4 1.378（3）. ?
C2 O1 1.365（3）. ?
C3 H3 0.9300 . ?
C3 C6 1.369（3）. ?
C4 H4 0.9300 . ?
C4 C5 1.378（3）. ?
C5 H5 0.9300 . ?
C5 C7 1.392（3）. ?
C6 H6 0.9300 . ?
C6 C7 1.398（3）. ?
C7 C8 1.458（3）. ?
C8 H8 0.9300 . ?
C8 C9 1.331（3）. ?
C9 C10 1.488（3）. ?
C9 N1 1.472（3）. ?
C10 H10A 0.9700 . ?
C10 H10B 0.9700 . ?
C10 C11 1.516（3）. ?
C11 C12 1.386（3）. ?
C11 C13 1.382（3）. ?
C12 H12 0.9300 . ?
C12 C14 1.380（3）. ?
C13 H13 0.9300 . ?
C13 C15 1.389（3）. ?
C14 H14 0.9300 . ?
C14 C16 1.386（3）. ?
C15 H15 0.9300 . ?
C15 C16 1.382（3）. ?
C16 O4 1.369（3）. ?
C17 H17A 0.9600 . ?
C17 H17B 0.9600 . ?
C17 H17C 0.9600 . ?
C17 O4 1.413（3）. ?
N1 O2 1.223（2）. ?
N1 O3 1.219（2）. ?

loop_
  _geom_angle_atom_site_label_1

分子中原子间键角列表

```
_geom_angle_atom_site_label_2
_geom_angle_atom_site_label_3
_geom_angle
_geom_angle_site_symmetry_1
_geom_angle_site_symmetry_3
_geom_angle_publ_flag
H1A C1 H1B 109.5 . . ?
H1A C1 H1C 109.5 . . ?
H1B C1 H1C 109.5 . . ?
O1 C1 H1A 109.5 . . ?
O1 C1 H1B 109.5 . . ?
O1 C1 H1C 109.5 . . ?
C4 C2 C3 119.4（2）. . ?
O1 C2 C3 115.1（2）. . ?
O1 C2 C4 125.5（2）. . ?
C2 C3 H3 119.9 . . ?
C6 C3 C2 120.1（2）. . ?
C6 C3 H3 119.9 . . ?
C2 C4 H4 120.1 . . ?
C2 C4 C5 119.8（2）. . ?
C5 C4 H4 120.1 . . ?
C4 C5 H5 119.0 . . ?
C4 C5 C7 122.0（2）. . ?
C7 C5 H5 119.0 . . ?
C3 C6 H6 119.2 . . ?
C3 C6 C7 121.7（2）. . ?
C7 C6 H6 119.2 . . ?
C5 C7 C6 116.8（2）. . ?
C5 C7 C8 125.5（2）. . ?
C6 C7 C8 117.71（19）. . ?
C7 C8 H8 115.5 . . ?
C9 C8 C7 129.1（2）. . ?
C9 C8 H8 115.5 . . ?
C8 C9 C10 129.72（18）. . ?
C8 C9 N1 116.39（19）. . ?
N1 C9 C10 113.85（19）. . ?
C9 C10 H10A 108.4 . . ?
C9 C10 H10B 108.4 . . ?
C9 C10 C11 115.57（17）. . ?
H10A C10 H10B 107.4 . . ?
C11 C10 H10A 108.4 . . ?
C11 C10 H10B 108.4 . . ?
C12 C11 C10 122.68（19）. . ?
C13 C11 C10 119.89（18）. . ?
C13 C11 C12 117.4（2）. . ?
C11 C12 H12 119.2 . . ?
C14 C12 C11 121.5（2）. . ?
C14 C12 H12 119.2 . . ?
C11 C13 H13 119.0 . . ?
C11 C13 C15 122.01（19）. . ?
C15 C13 H13 119.0 . . ?
```

续表

C12 C14 H14 119.9 . . ?
C12 C14 C16 120.2（2）. . ?
C16 C14 H14 119.9 . . ?
C13 C15 H15 120.2 . . ?
C16 C15 C13 119.5（2）. . ?
C16 C15 H15 120.2 . . ?
C15 C16 C14 119.3（2）. . ?
O4 C16 C14 115.7（2）. . ?
O4 C16 C15 125.0（2）. . ?
H17A C17 H17B 109.5 . . ?
H17A C17 H17C 109.5 . . ?
H17B C17 H17C 109.5 . . ?
O4 C17 H17A 109.5 . . ?
O4 C17 H17B 109.5 . . ?
O4 C17 H17C 109.5 . . ?
O2 N1 C9 119.9（2）. . ?
O3 N1 C9 117.79（19）. . ?
O3 N1 O2 122.3（2）. . ?
C2 O1 C1 118.18（19）. . ?
C16 O4 C17 118.10（17）. . ?

loop_   分子中扭转角原子的位置
_geom_torsion_atom_site_label_1
_geom_torsion_atom_site_label_2
_geom_torsion_atom_site_label_3
_geom_torsion_atom_site_label_4
_geom_torsion
_geom_torsion_site_symmetry_1
_geom_torsion_site_symmetry_2
_geom_torsion_site_symmetry_3
_geom_torsion_site_symmetry_4
_geom_torsion_publ_flag
C2 C3 C6 C7 0.4（3）. . . . ?
C2 C4 C5 C7 1.0（4）. . . . ?
C3 C2 C4 C5 3.5（4）. . . . ?
C3 C2 O1 C1 −175.0（2）. . . . ?
C3 C6 C7 C5 3.9（3）. . . . ?
C3 C6 C7 C8 −175.27（19）. . . . ?
C4 C2 C3 C6 −4.2（3）. . . . ?
C4 C2 O1 C1 5.2（4）. . . . ?
C4 C5 C7 C6 −4.7（3）. . . . ?
C4 C5 C7 C8 174.5（2）. . . . ?
C5 C7 C8 C9 −22.1（4）. . . . ?
C6 C7 C8 C9 157.0（2）. . . . ?
C7 C8 C9 C10 −0.5（4）. . . . ?
C7 C8 C9 N1 −178.20（19）. . . . ?
C8 C9 C10 C11 100.8（3）. . . . ?
C8 C9 N1 O2 −2.8（3）. . . . ?
C8 C9 N1 O3 177.3（2）. . . . ?
C9 C10 C11 C12 −16.4（3）. . . . ?
C9 C10 C11 C13 164.42（18）. . . . ?

续表

```
C10 C9 N1 O2 179.15（19）. . . . ?
C10 C9 N1 O3 −0.8（3）. . . . ?
C10 C11 C12 C14 179.8（2）. . . . ?
C10 C11 C13 C15 −179.76（18）. . . . ?
C11 C12 C14 C16 −0.1（3）. . . . ?
C11 C13 C15 C16 0.0（3）. . . . ?
C12 C11 C13 C15 1.0（3）. . . . ?
C12 C14 C16 C15 1.1（3）. . . . ?
C12 C14 C16 O4 −178.9（2）. . . . ?
C13 C11 C12 C14 −1.0（3）. . . . ?
C13 C15 C16 C14 −1.1（3）. . . . ?
C13 C15 C16 O4 178.97（19）. . . . ?
C14 C16 O4 C17 −175.76（19）. . . . ?
C15 C16 O4 C17 4.2（3）. . . . ?
N1 C9 C10 C11 −81.5（2）. . . . ?
O1 C2 C3 C6 175.99（19）. . . . ?
O1 C2 C4 C5 −176.7（2）. . . . ?
```

5.2　cif 文件的检测

① 以 sample 1 数据为例，进行在线 cif 文件的检测。如图 5-1 所示，打开

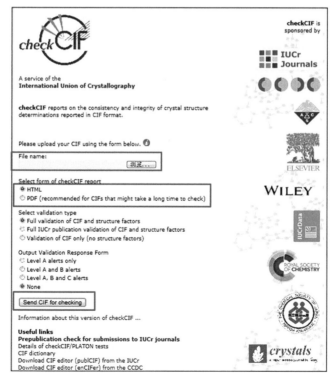

图 5-1

第 5 章　cif 文件的详细解析、检测及 CCDC 号的申请

http://checkcif.iucr.org/ 网页，在 File name 处选择需要检测的 cif 文件：D:\data\example1\ test4\ zjw-2.cif 文件。再在 Select form of checkCIF report（选择 checkcif 报告的形式）处选择 HTML 网页版或者 PDF 版本（需要的时间会长些）。接下来在 Select validation type（选择验证类型）：Full validation of CIF and structure factors（CIF 和结构因素的完整验证），一般选择这一项。其余选项为：full IUCr publication validation of CIF and structure factors（IUCr 出版物 CIF 和结构因素的完整验证）、Validation of CIF only（no structure factors）（只有 CIF 的验证，没有结构因素）。对于 Output Validation Response Form（输出验证形式）：Level A alerts only（只有 A 警告）；Level A and B alerts（A 和 B 警告）；Level A,B and C alerts（A、B 和 C 警告）；None（没有）一般选择这个。最后点击 Send CIF for checking 进行 CIF 检测。

② 检测结果如图 5-2 和图 5-3 所示，包括计算值（Calculated）与报道值（Reported）的对比，以及 A、B、C、G 的警告，包括：

A 警告（Alert level A）：表示存在最可能严重的问题，需要解决或者解释。

B 警告（Alert level B）：表示存在潜在严重的问题，需要仔细认真考虑。

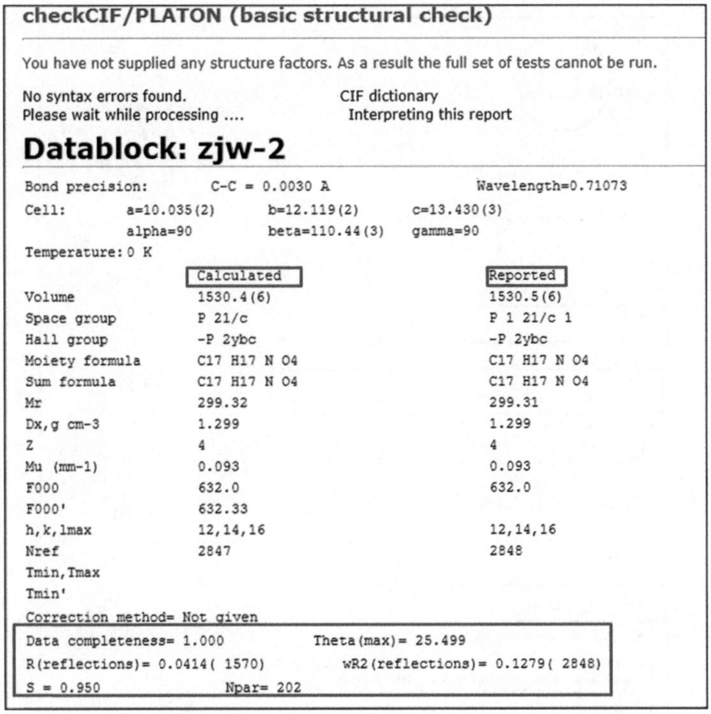

```
checkCIF/PLATON (basic structural check)
You have not supplied any structure factors. As a result the full set of tests cannot be run.

No syntax errors found.              CIF dictionary
Please wait while processing ....    Interpreting this report

Datablock: zjw-2

Bond precision:     C-C = 0.0030 A           Wavelength=0.71073
Cell:       a=10.035(2)     b=12.119(2)     c=13.430(3)
            alpha=90        beta=110.44(3)  gamma=90
Temperature: 0 K
                    Calculated                   Reported
Volume              1530.4(6)                    1530.5(6)
Space group         P 21/c                       P 1 21/c 1
Hall group          -P 2ybc                      -P 2ybc
Moiety formula      C17 H17 N O4                 C17 H17 N O4
Sum formula         C17 H17 N O4                 C17 H17 N O4
Mr                  299.32                       299.31
Dx,g cm-3           1.299                        1.299
Z                   4                            4
Mu (mm-1)           0.093                        0.093
F000                632.0                        632.0
F000'               632.33
h,k,lmax            12,14,16                     12,14,16
Nref                2847                         2848
Tmin,Tmax
Tmin'
Correction method= Not given
Data completeness= 1.000       Theta(max)= 25.499
R(reflections)= 0.0414( 1570)  wR2(reflections)= 0.1279( 2848)
S = 0.950              Npar= 202
```

图 5-2

C 警告（Alert level C）：表示要检查，确保它不是由遗漏或疏忽造成的。

G 警告（Alert level G）：表示需要检查一般信息 / 检查它不是意想不到的问题。

```
The following ALERTS were generated. Each ALERT has the format
        test-name_ALERT_alert-type_alert-level.
Click on the hyperlinks for more details of the test.

● Alert level A
EXPT005_ALERT_1_A  _exptl_crystal_description is missing
            Crystal habit description.
            The following tests will not be performed.
            CRYSR_01
PLAT183_ALERT_1_A Missing _cell_measurement_reflns_used Value ....   Please Do !
PLAT184_ALERT_1_A Missing _cell_measurement_theta_min Value ......   Please Do !
PLAT185_ALERT_1_A Missing _cell_measurement_theta_max Value ......   Please Do !
PLAT197_ALERT_1_A Missing _cell_measurement_temperature Datum ....   Please Add
PLAT198_ALERT_1_A Missing _diffrn_ambient_temperature  Datum ....    Please Add

● Alert level C
PLAT053_ALERT_1_C Minimum Crystal Dimension Missing (or Error) ...   Please Check
PLAT054_ALERT_1_C Medium  Crystal Dimension Missing (or Error) ...   Please Check
PLAT055_ALERT_1_C Maximum Crystal Dimension Missing (or Error) ...   Please Check
PLAT790_ALERT_4_C Centre of Gravity not Within Unit Cell: Resd.  #       1 Note
            C17 H17 N O4

● Alert level G
PLAT005_ALERT_5_G No Embedded Refinement Details Found  in the CIF   Please Do !

 6 ALERT level A = Most likely a serious problem - resolve or explain
 0 ALERT level B = A potentially serious problem, consider carefully
 4 ALERT level C = Check. Ensure it is not caused by an omission or oversight
 1 ALERT level G = General information/check it is not something unexpected

 9 ALERT type 1 CIF construction/syntax error, inconsistent or missing data
 0 ALERT type 2 Indicator that the structure model may be wrong or deficient
 0 ALERT type 3 Indicator that the structure quality may be low
 1 ALERT type 4 Improvement, methodology, query or suggestion
 1 ALERT type 5 Informative message, check
```

图 5-3

③ 警告结果的处理

A 警告的处理，如图 5-4 所示。

```
● Alert level A
EXPT005_ALERT_1_A  _exptl_crystal_description is missing
            Crystal habit description.
            The following tests will not be performed.
            CRYSR_01
PLAT183_ALERT_1_A Missing _cell_measurement_reflns_used Value ....   Please Do !
PLAT184_ALERT_1_A Missing _cell_measurement_theta_min Value ......   Please Do !
PLAT185_ALERT_1_A Missing _cell_measurement_theta_max Value ......   Please Do !
PLAT197_ALERT_1_A Missing _cell_measurement_temperature Datum ....   Please Add
PLAT198_ALERT_1_A Missing _diffrn_ambient_temperature  Datum ....    Please Add
```

图 5-4

这些都是信息类警告，在 cif 文件中相应的地方填上信息即可消除警告。PLAT 183～PLAT 185 为确定晶胞时所用的衍射点、最大及最小 2θ，填上即可；

PLAT 197、PLAT 198 为晶胞测试的温度，填上即可。

C 警告的处理，如图 5-5 所示。

图 5-5

PLAT 053 ～ PLAT 055 为晶体尺寸没有填，填上即可。

PLAT 790 重心没有在晶胞内，需要 move，可以通过 PLATON，Addsym-shx 转换即可得到新的 res 文件，通过移动完成新的坐标，使重心在晶胞内。

G 警告的处理，如图 5-6 所示。

```
● Alert level G
PLAT005_ALERT_5_G No Embedded Refinement Details Found in the CIF    Please Do !
```

图 5-6

精修细节没有包含在内。填上即可。

5.3　cif 检测出现的 A、B 等类警告的讲解

检测报告中的 Alert 为警告，给研究者提出警示，提醒研究者小心核查。Alert 的级别越高，结构解析未考虑周全的可能性就越大。投稿要看投稿的期刊及结构在工作中的作用。

PLAT 201　检测分子结构主体中各向同性的非氢原子，各向同性在通常的精修中并不常用，只是在处理无序时才用到。

PLAT 202　检测溶剂分子或阴离子中各向同性的非氢原子。

PLAT 211　检测主体分子的 NPD ADP's。检测主体分子中各向异性参数中负值部分。

PLAT 212　检测溶剂或阴离子分子的 NPD ADP's。检测溶剂或阴离子分子中各向异性参数中负值部分。

PLAT 213　主体分子中 ADP 最大值/最小值比例检测，较大的值意味着无序没有处理。

PLAT 214　溶剂或阴离子中 ADP 最大值/最小值比例检测，较大的值意味着无序没有处理。

PLAT 220　检测主体结构非氢原子 U_{eq}(max)/U_{eq}(min) 范围。对比平常值大的比值发出警报。太高或太低的值表明原子可能定错（i.e. Br versus Ag）。

PLAT 221　检测非主体结构非氢原子 U_{eq}(max)/U_{eq}(min) 范围。对比平常值大的比值发出警报。

PLAT 222　检测主体结构氢原子 U_{eq}(max)/U_{eq}(min) 范围。对比平常值大的比值发出警报。

PLAT 223　检测非主体结构氢原子 U_{eq}(max)/U_{eq}(min) 范围。对比平常值大的比值发出警报。

PLAT 230，PLAT 233　Hirschfield 刚性键检查。相近化学特征的原子应具有相同程度的各向异性参数，无序或过度精修可能会导致大小不一。原子的错误判定也会有这样的结果。

PLAT 241，PLAT 242　检测相对于相邻原子过高或过低的 U_{eq} 值。原子的 U_{eq} 值会被拿去与所有非氢原子的平均 U_{eq} 去比较，如果值太大，可能是原子定错了。

PLAT 013　检测报告与衍射范围和数据的完整度。

PLAT 020　检测 Rint。Rint 最好小于 0.1。但是基于非常有限数量的平均数据的 Rint 没什么意义。

PLAT 021　检查，观测衍射数目/期望数目的比值。期待数目对应于劳埃群的不对称单元中的数目。对于中心对称的结构，期望比值为小于或等于 1.0；对于非中心对称结构则小于 2。超过这些数据可能是：对称性消光没有从观测数据中消除或采用过多的数据进行精修。

PLAT 022　检测完整度，检测报道的独立衍射点与期望的给定的分辨率。

PLAT 023　Check θ max，检测分辨率。当 $\sin(\theta)/\lambda$ <0.6 时，发出警告。

PLAT 024　检测优化的平均 Friedel 对。对于含有比硅轻的原子的 Mo Kα 数据，平均 Friedel 对是优先的。SHELXL97 精修中采用 MERG 4。

PLAT 025　检查 h，k，l 范围。

PLAT 026　检查弱点，检查 2σ 以上的独立数据的衍射是否充分。

PLAT 030　检测精修的消光参数是否有意义，检测它的值是否明显大于相应的 S.U.。如果不是，这个参数应从结构模型精修中删除。目前默认值为 3.33S.U.。

PLAT 032　检测 Flack 参数的 S.U.。
PLAT 033　检测 Flack 参数偏离零的程度，即检查绝对构型的正确性。
PLAT 040　检查化合物中碳原子上是否有氢原子。
PLAT 041　比较报道的与计算的总分子式。
PLAT 042　比较报道的与计算的残基分子式。
PLAT 043　比较报道的和计算的分子量。
PLAT 044　比较报道的和计算的分子量密度。
PLAT 045　比较报道的和计算的 Z 值。
PLAT 046　检测报道的 Z，分子量，D(calc) 是否一致。
PLAT 050　检测给出的 Mu 值（吸收系数）。
PLAT 051　测试报道的和计算的 Mu 的差别。
PLAT 052　测试吸收校正方法的条件。
PLAT 053　测试晶体尺寸最小值（xtal_dimension_min）的条件。
PLAT 054　测试晶体尺寸中间值。
PLAT 055　测试晶体尺寸最大值。
PLAT 056　检测晶体半径（Test for specification xtal_radius）。
PLAT 057　检测必需的吸收校正。
PLAT 058　检测规定的最大透过率 T_{max}。
PLAT 059　检测规定的最小透过率 T_{min}。
PLAT 060　检测 T_{max}/T_{min} 比值。
PLAT 061　检测 T_{max}/T_{min} 范围。
PLAT 062　重新调节 T_{min} 和 T_{max}。
PLAT 063　测试晶体尺寸最小的一个尺寸应远大于采用的 X 射线光束。例外的情况是使用 β 滤波器和足够大的准直仪。
PLAT 064　检测 T_{max} 和 T_{min}。
PLAT 065　检测（半）经验吸收校正的应用情况。
PLAT 070　检测原子标签的重复情况。
PLAT 071　检测是否有无法解释的标签。
PLAT 080　检测最大的漂移/误差比值。
PLAT 081　检测给出的漂移/误差比值。

PLAT 082　　检测合理的 R1 值。

PLAT 084　　检测合理的 R2 值，R2 一般是基于 F2 精修出的 R1 的两倍。

PLAT 086，PLAT 087　　检测合理的 *S* 值。

PLAT 088　　检测合理的数据 / 参数比值（中心对称）。

PLAT 089　　检测合理的数据 / 参数比值（非中心对称）。

PLAT 095　　检测给出的最大残余密度。

PLAT 096　　检测给出的最大残余密度。

PLAT 097　　检测给出的最大残余密度。

PLAT 098　　检测给出的最小残余密度。

PLAT 099　　检测给出的小于 0 的最小残余密度。

PLAT 410，PLAT 413　　检测分子键或分子内短程的 H⋯H 相互作用。当对称性错误的时候，空间群错误时（偏低或偏高）按照错误的对称操作衍生出来的原子上的氢原子本应不存在，这是就可能会产生过短的相互作用。短程分子内作用可能源于 H 原子被放错误计算出来的原子上。也有可能是标志着分子位于不合适的点操作上而造成的错误（比如 2 代替了 "−1"），当忽略晶胞转换时常发生。短相互作用用 1.2Å 的范德华半径来表示，对分子间弱相互作用警告发生于距离短于 2.4Å。对分子内来说，警告值发生在小于 2.0Å。这种警告对团簇构型很有意义，尤其是当氢原子按照理想位置参与计算时。

PLAT 412 和 PLAT 413　　报告 CH_3 中 H 原子的相互作用，这些氢最好采用理论计算方法获取。

PLAT 416　　检测分子内 D—H⋯H—D 作用。主要与放错位置的无序有关。

PLAT 417　　检测分子间 D—H⋯H—D 作用。主要与放错位置的无序有关。

PLAT 420　　检测 D—H 有没有受体存在，通常用氢键标准判断的话，氢键受体必须存在。

PLAT 430　　检测 D⋯A 距离。通常在 D⋯A 距离小于范德华半径之和减去 0.2 时，会警报。

PLAT 431　　检测 HI⋯D 距离，检测与卤素有关的分子间的距离。

PLAT 432　　检测分子间距离。

5.4 一些常见 A 类警告及解决办法

表 5-2 列举了几种常见的 A 类警告及解决方法。

表 5-2 一些常见的 A 类警告及解决方法

序号	A 警告	解决办法
1	_exptl_crystal_size_max ? _exptl_crystal_size_mid ? _exptl_crystal_size_min ?	在 ins 文件中写入相应晶体尺寸数据
2	吸收校正问题 Info on Absorption Correction Method Missing ... ?	将 cif 文件中的 exptl_absorpt_correction_type ? 改为 exptl_absorpt_correction_type multi-scan（一般是改为这个）； 同时，将 cif 文件中的 exptl_absorpt_process_details? 改为 exptl_absorpt_process_details SADABS
3	_exptl_absorpt_correction_T_min ? exptl_absorpt_correction_T_max ?	在 ins 文件中加入尺寸 d1 d2 d3，再精修，生成的 cif 文件中就有上述两项。也可以在用 check cif 报告中找到，即采用它建议的计算值
4	Test not performed as the _exptl_absorpt_correction_type has not been identified. See test ABSTY_01.	吸收校正应为下列之一 * none * analytical * integration * numerical * gaussian * empirical * psi-scan * multi-scan * refdelf * sphere * cylinder
5	The absolute value of parameter shift to su ratio > 0.20 Absolute value of the parameter shift to su ratio given 4.421 Additional refinement cycles may be required	增加精修的次数。若问题仍不能解决，则表明结构模型有误，需重新审视是否存在非正定原子、自由旋转甲基氢原子、严重无序的碳链等问题
6	No_symmetry_space_group_name_H-M Given ... ?	在 ins 或 res 文件中找，titl 一栏就是空间群名称，一般没有做过空间群的转换，这里就是了。最保险的方法是在生成的 check cif 页面上就有
7	No su's on H-atoms, but refinement reported as mixed	将 mixed 改为 constr
8	Ratio of Maximum / Minimum Residual Density ... 2.72	正负残留峰的双值应该接近 1，出现这样的错误表明精修不到位，可能还有残余峰
9	DENSX01_ALERT_1_A The ratio of the calculated to measured crystal density lies outside the range 0.80 <> 1.20, Calculated density = 1.231, Measured density = 0.000	cif 文件中把 Measured density 测试（密度）改为 0.000 或 none
10	ADDSYM Detects（Pseudo）Centre of Symmetry 95	有 95 个伪对称，可能是空间群错了，解析完用 PALTON 升一下空间群应该就可以了

续表

序号	A 警告	解决办法
11	CIF Contains no X-H Bonds ...? CIF Contains no X-Y-H or H-Y-H Angles ...?	在 ins 文件中将 Bond 改为 Bond $h 命令,再在 XL 中精修一下就可以了
12	Ratio Observed / Unique Reflections too Low ... 26 Perc	观测衍射点与独立衍射点数目比值过低。这属于晶体衍射数据收集的问题,需重新收集数据
13	Isotropic non-H Atoms in Main Residue (s)...	有的非氢原子没有进行各向异性精修
14	_diffrn_measured_fraction_theta_full Low ... 0.93	这种警告说明高角度数据不好,衍射图中高角度点变形拉长时,需要删除高角度点,根据情况选择角度范围,进行衍射角度限制,尝试在 ins 文件中加命令 omit 0 50 或者 omit −2 53。通常要求采集数据的完成度偏低,通常要在 0.97 或者 0.95 以上。加入命令不行的话,最好是重新收集数据
15	Low Bond Precision on C-C Bonds (x 1000) Ang ... Low Bond Precision on C-C Bonds ...	C—C 键精准度过低。出现此警告表明衍射数据质量较低,不足以准确确定键长数值
16	No s.u. Given for Flack Parameter ... ?	首先确定这个结构是否有手性? 1. 如果有手性且有重原子,那么在修正中加入 Flack 指令,修正后重新产生 cif; 2. 如果没有手性,或有手性但用 Mo 靶做小于 Si 元素的结构,则可在 cif 的原子信息这一栏的最后面添加一句话,如下所示: _chemical_formula_sum 'C10 H18 O5 ' _chemical_formula_moiety 'C10 H18 O5 ' _chemical_formula_weight 218.25 _chemical_melting_point ? _chemical_absolute_configuration ' unk ' 这样就可以了
17	Low Ueq as Compared to Neighbors for ... N8	先确认相关原子类型指认无误,再在问题原子及其共价相连原子上施加 DELU 限制
18	PLAT029_ALERT_3_A _diffrn_measured_fraction_theta_full Low ... 0.90	在 ins 文件中加 omit −2 50 删除坏点,去掉一些高角度数据就行了
19	PLAT035_ALERT_1_A No_chemical_absolute_configuration info given ?	在 cif 文件中添加 _chemical_absolute_configuration S 或者 R。若存在绝对构型,可以写 'unk'
20	PLAT036_ALERT_1_A No s.u. Given for Flack Parameter ... ?	检查这个结构是否有手性结构,如果有手性且有重原子,那么在 ins 文件中加入 Flack 指令,精修后重新产生 cif 文件
21	PLAT051_ALERT_1_A Mu (calc) and Mu (CIF) Ratio Differs from 1.0 by 18.93 Perc.	原子个数和 Z 值不对,在 listing 文件中有正确的原子个数,在 ins 文件中改正过来
22	PLAT053_ALERT_1_A Minimum Crystal Dimension Missing (or Error) ... ? PLAT054_ALERT_1_A Medium Crystal Dimension Missing (or Error) ... ? PLAT055_ALERT_1_A Maximum Crystal Dimension Missing (or Error) ... ?	这是涉及晶体的尺寸(长、宽、高),在晶体信息文件里有,或者在 pcf 文件中
23	PLAT058_ALERT_1_A Maximum Transmission Factor Missing... ? PLAT059_ALERT_1_A Minimum Transmission Factor Missing... ?	T_{max} 和 T_{min} 两个数值缺失,这两个数值可以在 _0m.hkl 文件里找到,或者 check cif 后会给数值

续表

序号	A 警告	解决办法
24	PLAT075_ALERT_1_A Occupancy 1.00 greater than 1.0 for ... O4	原子占有率大于1。一般出现在对称中心上的原子，根据其对称性修正即可
25	PLAT079_ALERT_1_A No H-atoms, but _hydrogen_treatment reported as mixed	结构中无氢原子，但在文件中将"_hydrogen_treatment"记录为"mixed"
26	PLAT080_ALERT_2_A Maximum Shift/Error ... 0.44	解决方法同 5
27	PLAT093_ALERT_1_A No su's on H-atoms, but refinement reported as mixed	手工将 mixed 改成 constr 就可以了
28	PLAT113_ALERT_2_A ADDSYM Suggests Possible Pseudo/New Space-group. P-1	晶体中可能存在赝对称性，实际空间群应更低
29	PLAT211_ALERT_2_A ADP of Atom C3 is NPD ... ?	原子非正定。原因可能是空间群错误、原子类型指认错误、无序或低质量数据。对于后两种情况使用 DELU、SIMU 和 ISOR 限制进行修正
30	PLAT213_ALERT_2_A Atom O1W has ADP max/min Ratio ... 5.40 prola	原子的各向异性参数在不同方向上的差值过大。原因为无序或低质量数据。需通过无序处理或 ISOR 限制修正
31	PLAT214_ALERT_2_A Atom O3W（Anion/Solvent）ADP max/min Ratio 7.90 oblat	解决方法同 30
32	PLAT220_ALERT_2_A Large Non-Solvent O Ueq（max）/Ueq（min）... 7.65 Ratio	某些氧的 U_{eq} 过大或过小，考虑有没有原子指认错误，或者需要统计分布处理或加诸如 isor，simu 之类的限制
33	PLAT222_ALERT_3_A Large Non-Solvent H Ueq（max）/Ueq（min）... 5.50 Ratio	查看椭圆图，找到 U 值异常的 H 原子。改小其 U 值或固定其为母原子 U 值的某个比例
34	PLAT230_ALERT_2_C Hirshfeld Test Diff for C2 - C3 ... 5.21 su	需要对键长进行检查
35	PLAT234_ALERT_4_A Large Hirshfeld Difference C39 -- C41 ... 0.41 Ang	在 ins 文件中加入 dfix 1.34 0.02 Ca Cb 限定距离，加入 delu 0.02 Ca Cb 限定漂移值
36	PLAT241_ALERT_2_B Check High Ueq as Compared to Neighbors for Ag1	重新确认相关原子类型及占有率指认无误
37	PLAT242 ALERT 2 A Check Low Ueq as Compared to Neighbors for N1	解决方法同 36
38	PLAT245_ALERT_2_A U（iso）H3W1 Smaller than U（eq）O3W by ... 0.10 AngSq	H 的 U_{eq} 就不要修了，排到母氧原子后，改成 −1.5
39	PLAT320_ALERT_2_C Check Hybridisation of C6 in Main Residue ?	C6 的 U_{ij} 各个方向的振动不平衡，其中某两个方向的振动比过大。可考虑将 C6 原子分比并且修各自的占有率
40	PLAT366_ALERT_2_C Short? C (sp?)-C (sp?) Bond C1 - C49 ... 1.39 Ang.	C1—C49 键长偏短，以致程序无法判断原子属于何种 sp 杂化。可对该键长进行限定，或许还要将原子分比
41	PLAT410_ALERT_2_A Short Intra H...H Contact H16 .. H19A .. 1.61 Ang.	前两个 H 加错了，建议删了重加
42	PLAT412_ALERT_2_C Short Intra XH3 .. XHn H9.. H13C.. 1.87 Ang.	解决方法同 41

序号	A 警告	解决办法
43	PLAT414_ALERT_2_A Short Intra D-H..H-X H5A .. H18A .. 1.54 Ang.	前两个 H 加错了，建议删了重加
44	PLAT415_ALERT_2_A Short Inter D-H..H-X H10B .. H11 .. 1.84 Ang.	H10B .. H11 距离太短了，这两个 H 里面至少有一个 H 的位置不合适，或者两个都不合适
45	PLAT417_ALERT_2_A Short Inter D-H..H-D H28 .. H28 .. 1.75 Ang.	连接 H28 的原子太接近对称中心或对称轴或对称面了，把 H28 删掉重加，将温度因子改为母原子的 −1.5 或 −1.2 精修
46	PLAT432_ALERT_2_A Short Inter X...Y Contact C76 .. C76 .. 2.54 Ang.	原子在经过对称操作后距离过近。可将原子指定为 part -1 并重新确定占有率
47	PLAT601_ALERT_2_A Structure Contains Solvent Accessible VOIDS of . 505.00 A**3	结构中存在未指认分子的大孔隙。需要对相关 Q 峰进行指认或进行无序溶剂处理
48	PLAT723_ALERT_1_A Torsion Calc 179.3（17），Rep 18.00 Dev... 161.30 Sigma O12-W8 -O2 -FE1 1.555 1.555 1.555 1.555	扭角的计算值为 179.3 而报道值为 18.00。请检查原子排列的顺序，或者是原子的对称代码问题
49	PLAT761_ALERT_1_A CIF Contains no X-H Bonds ... ?	加上 conf htab 解决，精修时 bond $h
50	PLAT761_ALERT_1_A CIF Contains no X-H Bonds... ? PLAT762_ALERT_1_A CIF Contains no X-Y-H or H-Y-H Angles ... ?	在 ins 文件中添加 bond $h 指令
51	PLAT762_ALERT_1_A CIF Contains no X-Y-H or H-Y-H Angles ... ?	加上 conf htab 解决，精修时 bond $h
52	PLAT780_ALERT_1_A Coordinates do not Form a Properly Connected Set ?	这里说的是原子本来在一个完整的分子内，但你找的时候没让这些原子在一起，使得在形成键长键角表时，要使用过多的对称操作码。解决方法： 1. 用 envi atom1 找到要移动原子和其对称操作码 2. 用 sgen atom1 加一个四位的对称操作码来移动原子
53	PLAT939_ALERT_3_A Large Value of Not（SHELXL）Weight Optimized S . 938.96 Check	在 LST 文件中找到坏的点，在 ins 文件里加命令 omit −2 53，代表坏点对应的 HKL，坏点 error 值大于 10 的全部用 omit

5.5　CCDC 号的申请

发表论文时，期刊正文需要提供 CCDC 号，在此介绍下 CCDC 号的申请流程：

① 打开网页 https://www.ccdc.cam.ac.uk/，进入 CCDC 号网页申请界面，如图 5-7 所示。点击 Deposit Structures 选项，进入申请界面。

② 如图 5-8 所示，出现八个流程，第一项就是 login（注册），如果已经登录过，可以直接输入用户名或者邮箱，密码登录即可。

③ 如果第一次登录，如图 5-9 所示。可以点击 register，填写 Email 等信息后，点击 register 就发邮件到邮箱中。

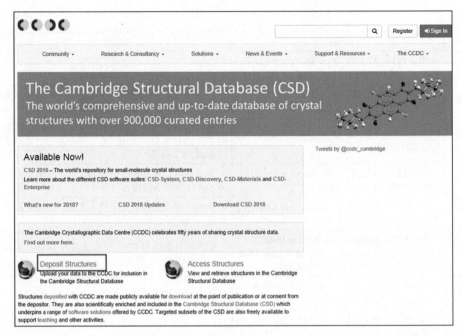

图 5-7

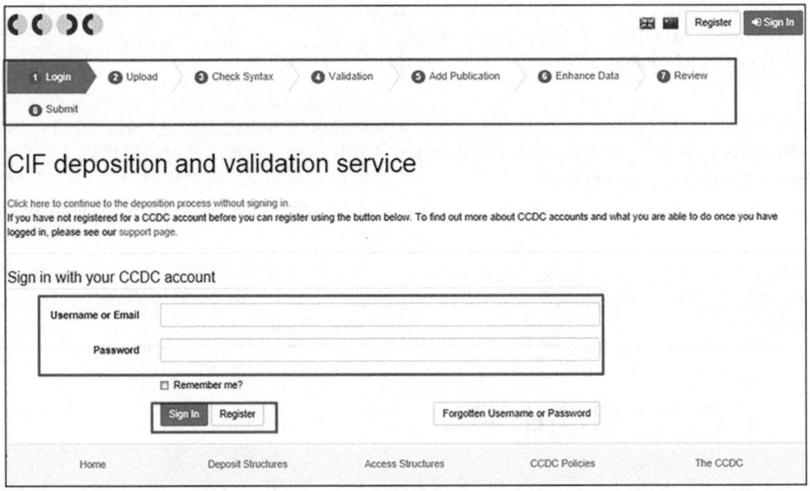

图 5-8

④ 在邮箱中收到邮件，点击 Complete registration，进行注册，如图 5-10 所示。

⑤ 点击链接，进入主页填写信息，点击 Register 进行注册，如图 5-11 所示。

⑥ 此时注册成功，再次填写信息后，点击 Update 进行更新信息，如图 5-12 所示。可以单击页面左侧的选项进行操作。若要查看已存放的结构，请单击 My Structure 按钮，需要提交新的结构，单击 Deposit 按钮，提交新的结构。

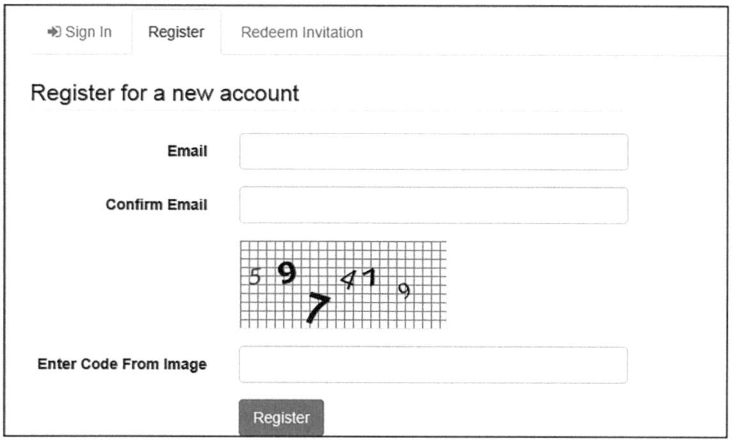

图 5-9

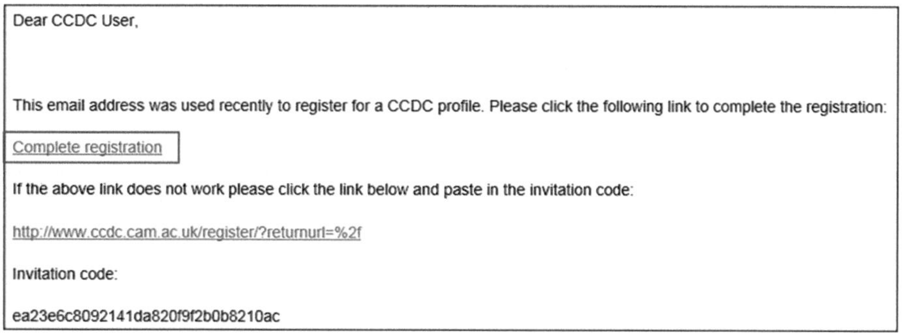

图 5-10

图 5-11

⑦ 如图 5-13 所示，填写带 * 的内容，然后在 Select Files 处选择文件。对提交数据也有一些要求：文件应采用 cif、fcf 或 hkl 格式，并可包括在 zip 文件中。提交的文件中必须至少包含一个 cif 文件。在一份表格上提交的所有文件应仅对应于一份出版物。每个文件的大小限制为 50MB，上传文件的总大小限制为 100 MB。一般选择 cif 文件，上传 cif 文件后，点击"Proceed to Next Step"选项。

第 5 章　cif 文件的详细解析、检测及 CCDC 号的申请　　**145**

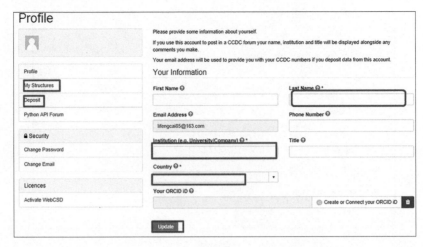

图 5-12

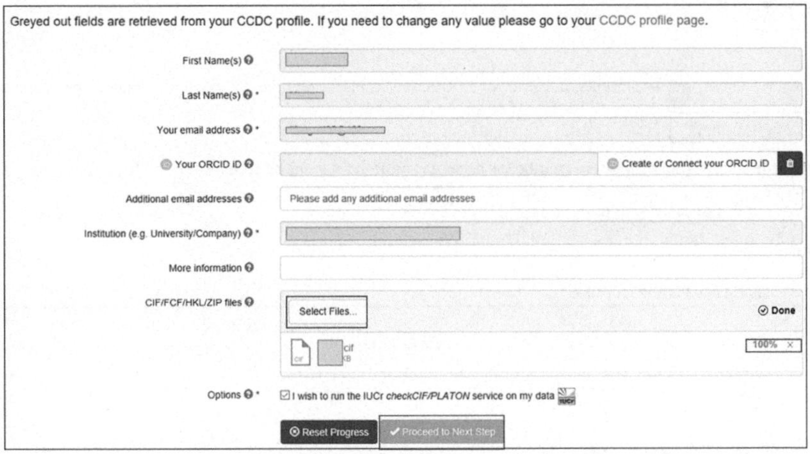

图 5-13

⑧ 在图 5-14 新界面上确认结构的一致性和完整性，点击"Proceed to Next Step"选项继续。

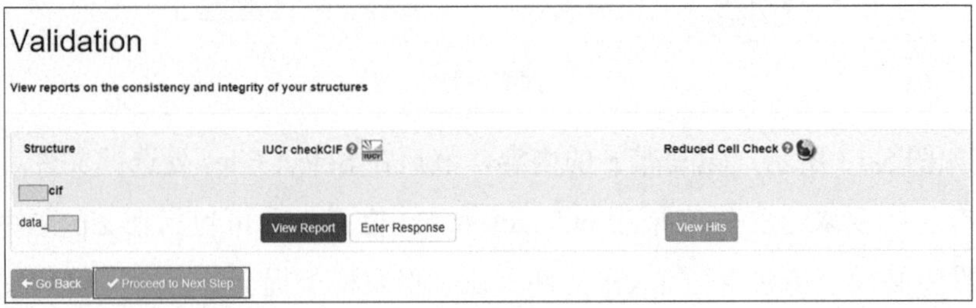

图 5-14

⑨ 添加结晶学细节，检查并更新与此数据相关的主要晶体记录仪的详细信息，如图 5-15 所示，点击"Proceed to Next Step"选项继续。确认添加的晶体学信息正确后点击"Proceed to Next Step"选项继续。

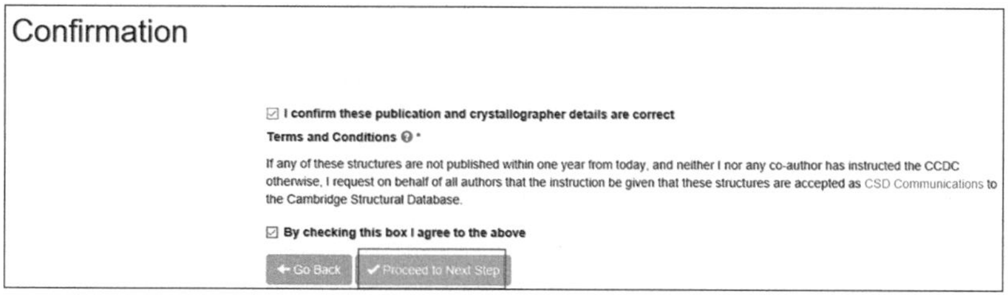

图 5-15

⑩ 如图 5-16 所示，进一步检查数据，点击"Proceed to Next Step"选项继续。

图 5-16

⑪ 复查信息后，点击 Submit，提交，如图 5-17 所示。

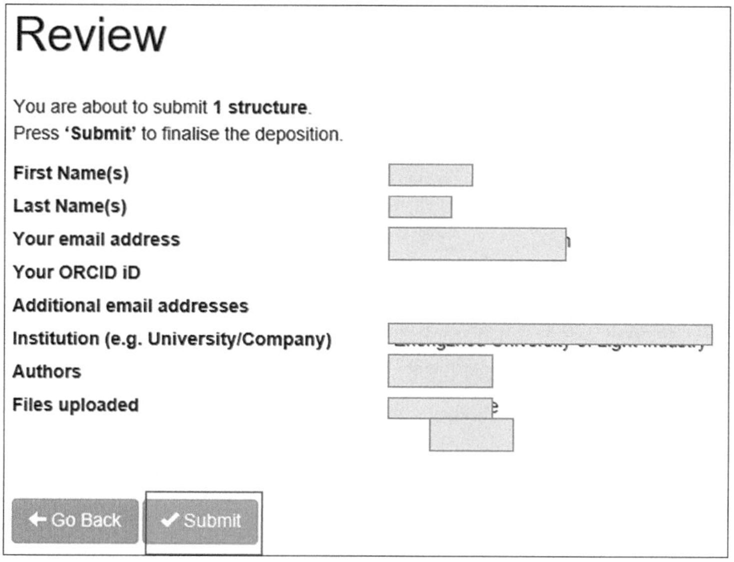

图 5-17

第 5 章　cif 文件的详细解析、检测及 CCDC 号的申请　　**147**

⑫ 如图 5-18 所示，提交后会出现反馈信息。通常 2 个工作日内，CCD 号就会发送到前面填写的邮箱里。

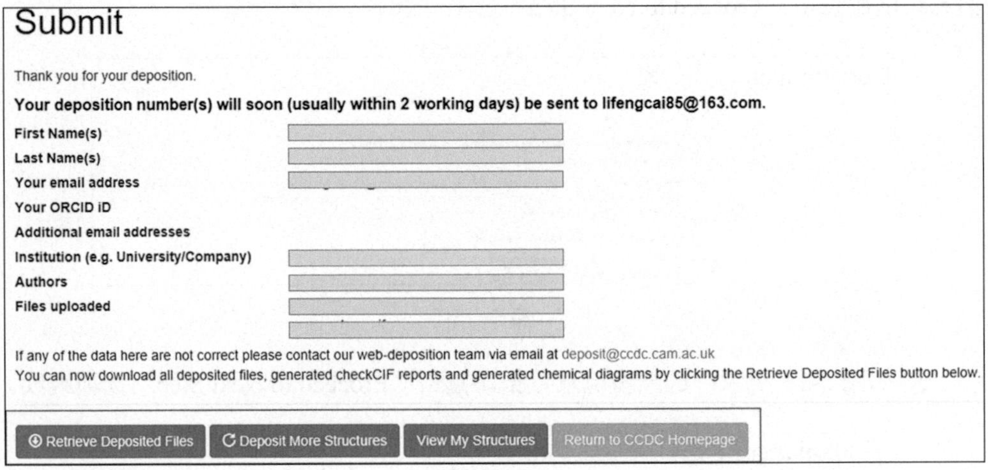

图 5-18

⑬ 如图 5-19 所示，在邮箱中会很快收到邮件，得到 CCDC 号。

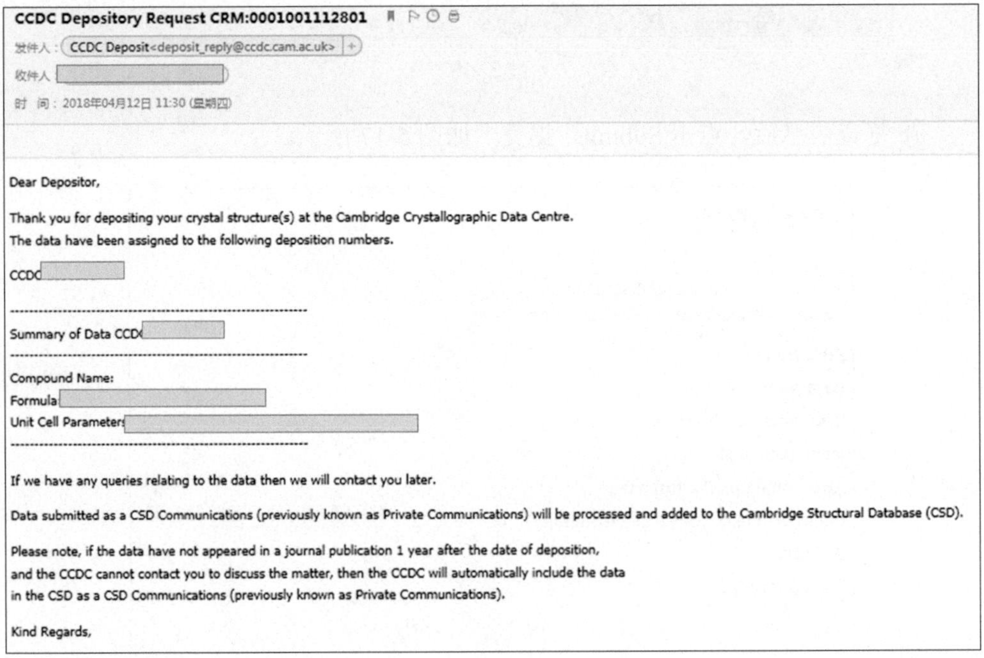

图 5-19

5.6 CCDC、ICSD 的使用

5.6.1 CCDC 的使用

CCDC（Cambridge Crystallographic Data Centre）位于英国剑桥大学的剑桥晶体数据中心，自 1965 年起就从事晶体数据的收集、整理与计算机化工作。CCDC 通过 Internet 提供各种有关的信息。其中包括对 CCDC 及产品的介绍、新闻发布、在线帮助（主要产品的介绍和使用手册等），其网址是 http://www.ccdc.cam.ac.uk。打开 CCDC 软件，可根据化合物名称、分子式、元素、空间群、单胞、Z 值、原始文献、作者、实验条件等项目进行检索，如图 5-20 所示。

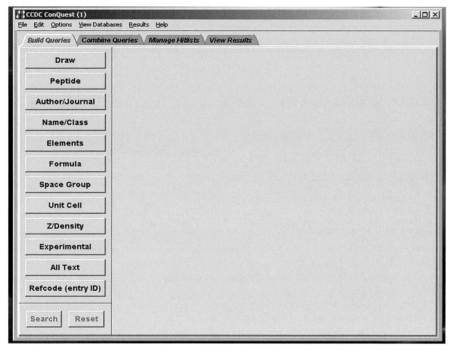

图 5-20

（1）晶胞检索（Unit Cell）

① 例如 708-1 晶胞参数为 C2/c，a=25.036(5)Å，b=9.0161(18)Å，c=15.294(3)Å，α=90°，β=117.65(3)°，γ=90° 的晶体。点击晶胞检索（Unit Cell），选择是否 Reduced Cell Search；在 Lattice Type 选择格子类型，填写晶体参数 abc 和 $\alpha\beta\gamma$ 后，点击"Search"，如图 5-21 所示。

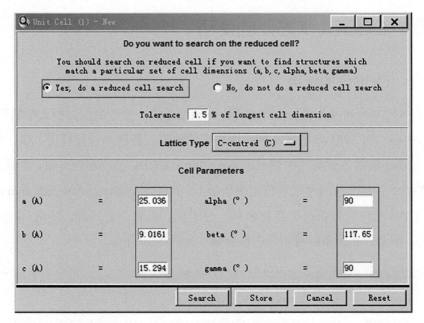

图 5-21

② 如图 5-22 所示，确认可用的数据库，点击"Start Search"开始检索。

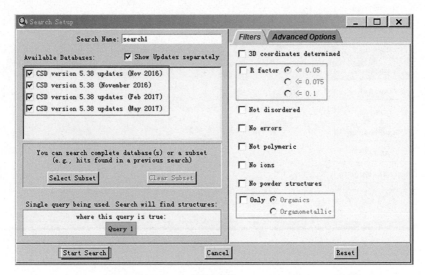

图 5-22

③ 如图 5-23 所示，检索的结果，通过"<<"和">>"进行查看，左边一列有作者、期刊、晶体参数等相应的数据信息。

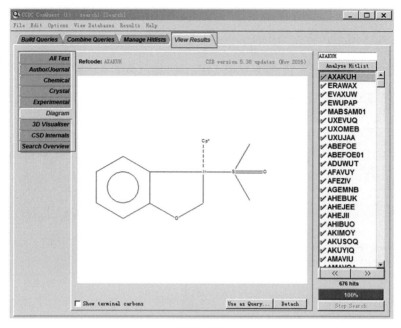

图 5-23

（2）结构检索（Draw）

如图 5-24 所示，选择键、原子、环、模板等在编辑窗口画出图，然后点击 Search 进行检索。

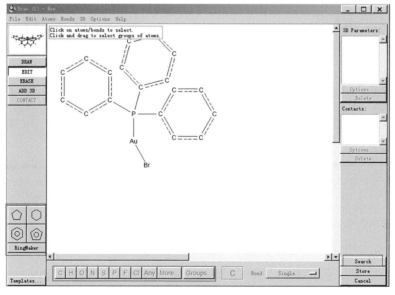

图 5-24

第 5 章　cif 文件的详细解析、检测及 CCDC 号的申请

（3）元素检索（Elements）

如图 5-25 所示，点击 Select from Table 后会出现元素周期表，选择相应的元素，然后点击 Done，就是选择好了元素，最后点击 Search 检索即可。

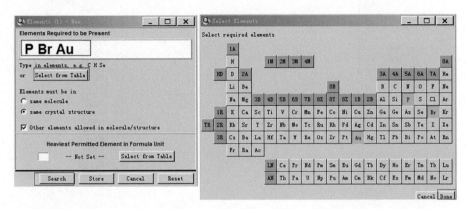

图 5-25

（4）化学式检索（Formula）

如图 5-26 所示，点击 Select from Table 后会出现元素周期表，选择相应的元素及原子的个数或范围，然后点击 Done，确定化学式，最后点击 Search 检索即可。

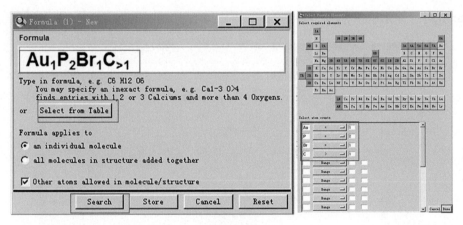

图 5-26

（5）作者/期刊检索（Author/Journal）

如图 5-27 所示，填写作者姓名，Exact surname；期刊名最好从下拉框中选期刊名，期刊的卷、页码有时带字母，年份可以选择范围；输入 CCDC 号后，点击 Search。

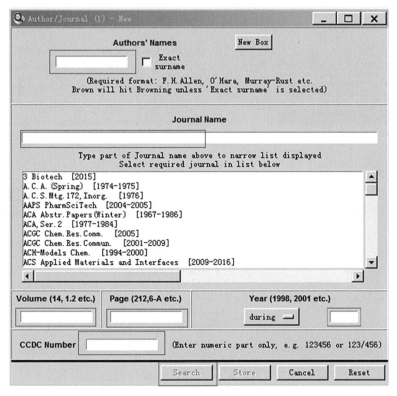

图 5-27

5.6.2 ICSD 的使用

无机晶体结构数据库（The Inorganic Crystal Structure Database，简称 ICSD）由德国的 The Gmelin Institute（Frankfurt）和 FIZ（Fachinformations zentrum Karlsruhe）合办。该数据库从 1913 年开始出版，至今已包含近 10 万条化合物目录。每年更新两次，每次更新会增加 2000 种新化合物，所有的数据都是由专家记录并且经过几次的修正，是国际最权威的无机晶体结构数据库。它只收集并提供除了金属和合金以外、不含 C—H 键的所有无机化合物晶体结构信息。包括化学名和化学式、矿物名和相名称、晶胞参数、空间群、原子坐标、热参数、位置占位度、R 因子及有关文献等各种信息。产品由以 windows 为基础的 PC 版，也有网络版和 Unix/Linux，也可以通过 STN 访问。网址是 http://icsd.ill.eu/icsd/。可以通过化学元素（Chemistry）、晶体数据（Crystal Data）、还原晶胞参数（Reduced Cell）、对称性（Symmetry）和参考文献（Reference）进行查询，如图 5-28 所示。

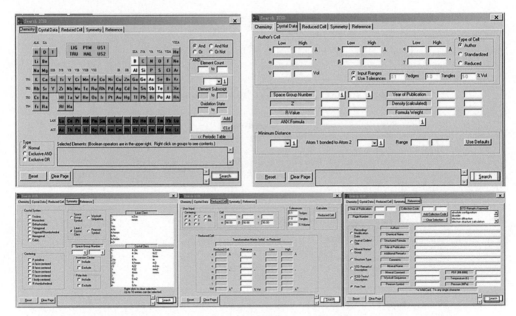

图 5-28

化学元素查询，主要介绍以化学元素进行查询的过程及 cif 的导出。

① 如图 5-29 所示，点击 Chemistry，选择元素，点击 Search。

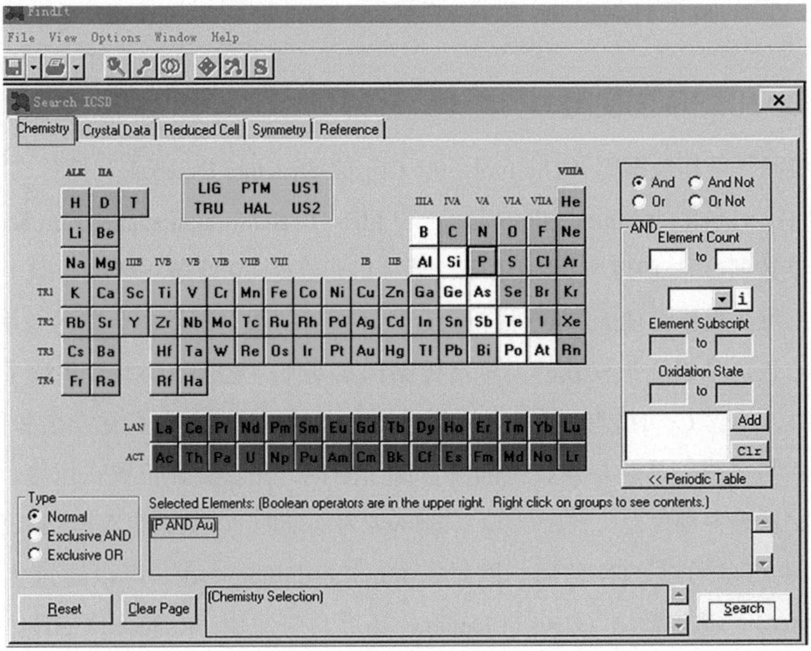

图 5-29

② 查询的结果如图 5-30 所示，可以看到很多条数据包括时间、空间群、Z 值等信息。选择一条数据，可以看到数据的 cif 信息。

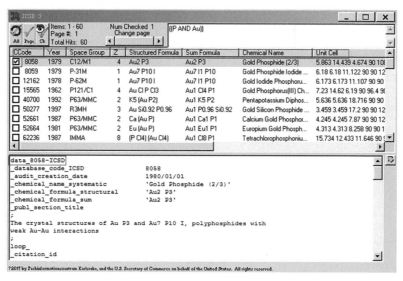

图 5-30

③ 导出 cif 文件，点击 File 中 Export Current Long View 导出 cif 文件，如图 5-31 和图 5-32 所示。

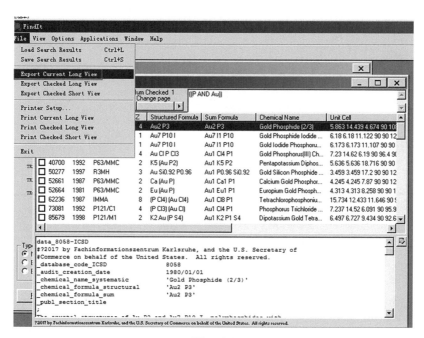

图 5-31

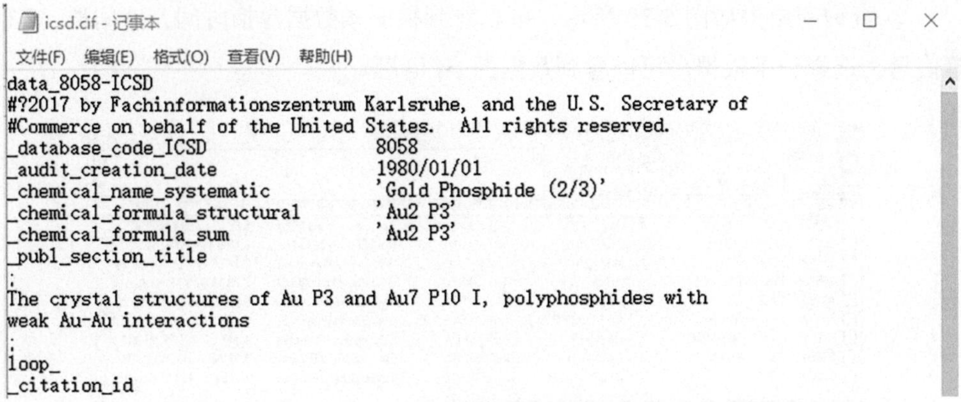

icsd.cif - 记事本

文件(F) 编辑(E) 格式(O) 查看(V) 帮助(H)

```
data_8058-ICSD
#?2017 by Fachinformationszentrum Karlsruhe, and the U.S. Secretary of
#Commerce on behalf of the United States.  All rights reserved.
_database_code_ICSD                 8058
_audit_creation_date                1980/01/01
_chemical_name_systematic           'Gold Phosphide (2/3)'
_chemical_formula_structural        'Au2 P3'
_chemical_formula_sum               'Au2 P3'
_publ_section_title
;
The crystal structures of Au P3 and Au7 P10 I, polyphosphides with
weak Au-Au interactions
;
loop_
_citation_id
```

图 5-32

Olex2

第 6 章
晶体结构画图

一般在拿到晶体数据时，利用其中的 cif 文件画晶体结构图，主要利用的软件有：Olex2、ShelXTL、Diamond 和 Mercury 四种。发表文章一般用 ShelXTL 和 Diamond 软件进行画图。

6.1 ShelXTL 软件画图

ShelXTL 这个软件是大家最为常用的，因为它既可解晶体又可画图。这个软件画图非常灵活，可以画出很多类型的图，但需要记住许多相应的命令。其中 XP 功能强大，灵活应用 XP 可以快速画出很多有用的简洁好看的图，可以画配位环境骨架图、分子图、堆积图等，最便利的是这个软件在表达氢键作用时非常好，所以经常利用它画含氢键作用的结构图。现在一些知名杂志发表的文章，利用这个软件画图的很多，多集中在表达配位环境的 ORTEP 图（三维分子结构图）和 π-π 作用的结构图。Xshell 也可以画出好看的图形。下面以 example2 708-1 为例，利用 XP 和 Xshell 程序画椭球图、堆积图、金属离子的配位图。

6.1.1 利用 XP 软件画椭球图

① 在 Olex2 界面的命令行 >> 输入 XP，回车，即进入 XP 程序。

② 如图 6-1 所示，在 XP 程序界面处输入 fmol，这通常是进入 XP 程序后使

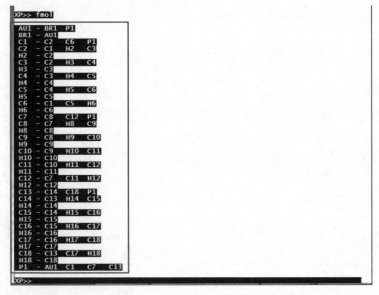

图 6-1

用的第一个指令，它从 708-1.res 文件读出晶胞参数和原子坐标等信息，并建立起原子间的连接方式。

③ 如果有 Q 峰，可以先 XP>> kill $q，再在 XP>> 处输入 PROJ 命令，出现画图框，可以按右上角的按钮旋转或显示所有的原子。将分子结构旋转到适当位置，也就是旋转为尽可能使每个原子都不被挡住。当旋转到适当位置后按右上角的 exit 退出，如图 6-2 所示。

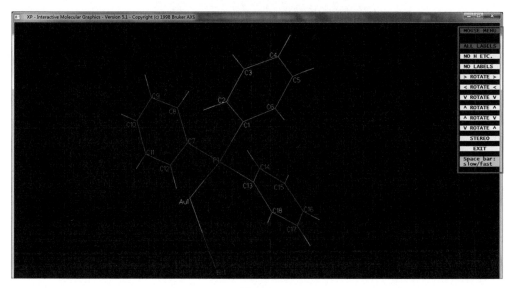

图 6-2

④ XP>>labl 1 450（code=1，size=450。code=1 指以第一种方式为原子添加标签，450 指字体大小）。

⑤ XP>>telp 0 −50 0.05（−50 为 50.000% 的椭球概率，键的半径为 0.050），或者输入 telp 0 −50 0.05 bond $h，删除所有的 H 原子，回车至现"plotfile："的提示符，在此处输入文件名 708-1（708-1 是为所要画的分子结构图起的名字，也可以起别的名字）如图 6-3 所示。

⑥ 当点击回车后会进入画图界面，如图 6-4 所示，这时候鼠标已经变成了一个矩形框。将矩形框移动到显示的原子边上合适位置后，点击鼠标左键，就对该原子标注了它的顺序。鼠标在你标注了第一个原子后会自动移到下一个要标注的原子上或旁边，仍将矩形框移动到合适位置后按鼠标左键进行标注。重复以上的操作，直至将全部原子标注完毕，然后按键盘上的 b 键保存后自动退出到 XP 程序的 dos 操作界面。

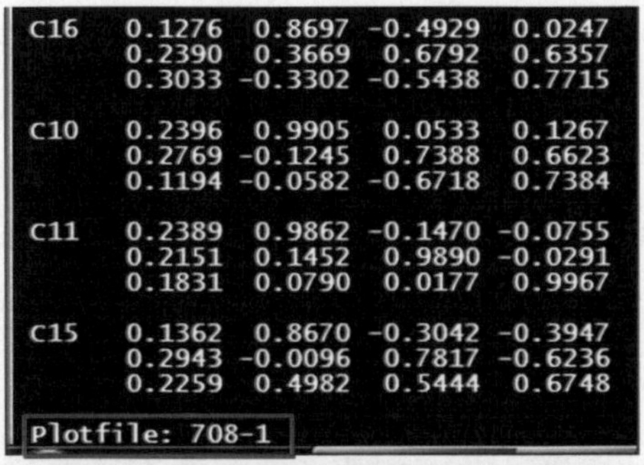

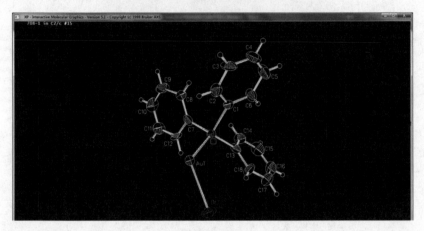

图 6-3

图 6-4

⑦ 如图 6-5 所示，XP>>draw 708-1，708-1 还是刚才的文件名，回车后会出现一句话，提示将该图形保存成什么格式的文件，有几个选项。请选择按键盘上的 a 键（a 指用 a 来命名产生的 plt 文件，plt 文件的作用是产生 ps 文件），然后回车，为图形取一个名字，仍然可以用 708-1。完成后回车又会出现一句话，询问要保存为黑白图形还是彩色图形？按回车即保存成彩色图形，请按回车。

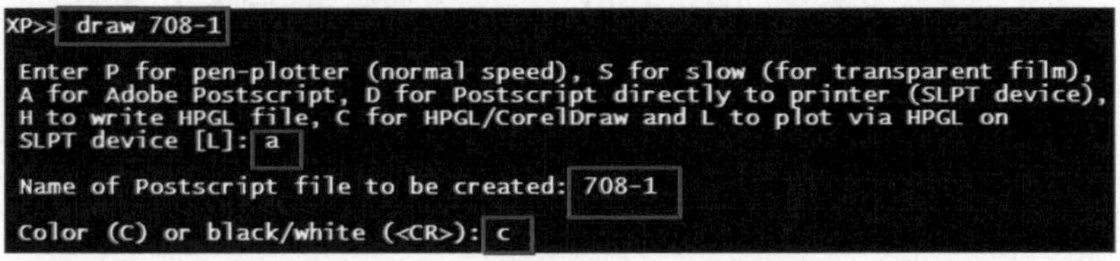

图 6-5

⑧ 这样分子结构图就画好了。你可以在这时候退出 XP，即在 XP>> 提示符后输入 quit 或 exit。也可以继续画堆积图。

⑨ 画好的分子结构图可以在 example 2>>test1 文件夹找到 708-1.ps，用 Photoshop 打开画的图，将画布旋转至图形正位，调整图像大小及分辨率，然后另存为 tif 格式的文件就可以了，得到的分子图如图 6-6 所示。

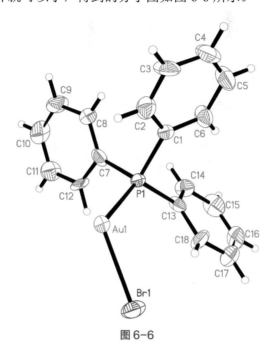

图 6-6

6.1.2 XP 程序画的金属离子配位图

① FMOL less $Q $h，回车从 708-1.res 文件读入所有非 Q 原子，然后 UNIQ Au1，回车，只保留与 Au1 原子有成键作用的原子。

② GROW 由于配离子具有中心对称性且对称中心的位置与晶体的特殊位置一致，独立单元中只有一半分子，必须通过 GROW 指令产生另一半分子，才能显示配离子完整的结构图。

③ MPLN/N，回车，计算出原子重叠最少、最清楚的取向。

④ proj 回车出现画图框，可以按右上角的按钮旋转或显示所有的原子。将分子结构旋转到适当位置，也就是旋转的尽可能使每个原子都不被挡住。当旋转到适当位置后按右上角的 exit 退出，如图 6-7 所示。

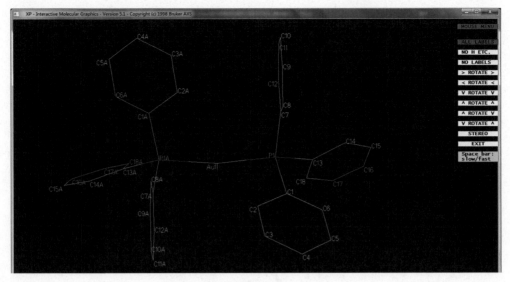

图 6-7

⑤ 可以用 LINK 命令的参数改变键的类型来实现个性化的配位环境图，如图 6-8 所示。

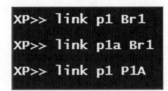

图 6-8

⑥ LABL 1 450 [ent]（原子序号的标注不用括弧，标注字体的大小为 450 号）。

⑦ TELP 0 –50 0.05 less $H [ent] 画椭球图（具有 50% probability），键的半径是 0.05，忽略氢原子。

⑧ 回车至现"plotfile："的提示符，在此处输入文件名 Au1，Au1 是为所要画的分子结构图起的名字，回车后会进入画图界面。对原子标注，C 原子不标注，直接按 Enter 键可以不标注。标注完后按键盘上的 b 键保存后自动退出到 XP 程序的 dos 操作界面，可以看到 Au 离子是三配位的平面三角形构型，如图 6-9 所示。

⑨ XP>>draw Au1 选择按键盘上的 a 键（可能是保存成可用 Acrobat 打开的文件），然后回车，图形名字可以仍用 Au1，回车，保存为彩色图形。按回车即保存成彩色图形。以上就画好了金属离子 Au^{3+} 的结构图。可以在这时候退出 XP，即在 XP>> 提示符后输入 quit 或 exit。

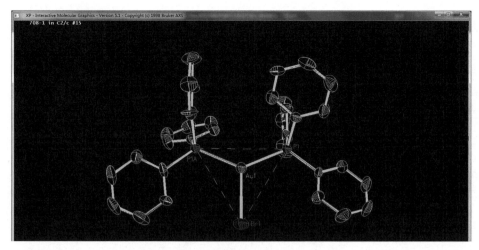

图 6-9

⑩ 画好的分子结构图可以在 example 2>>test1 文件夹找到 Au1.ps，用 Photoshop 打开画的图，将画布旋转至图形正位，调整图像大小及分辨率，然后另存为 tif 格式的文件就可以了，得到金属离子 Au^{3+} 的配位图如图 6-10 所示。

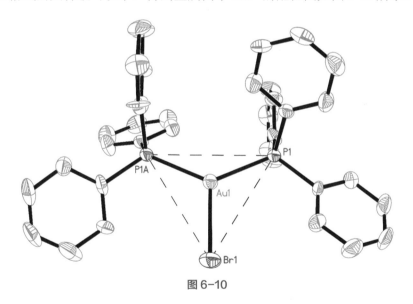

图 6-10

⑪ 删除三苯基膦的三个苯环后的配位骨架图，如图 6-11 所示。

XP>>KILL C1 TO C18

XP>>KILL C1A TO C18A 删除六个苯环

XP>>proj

第 6 章 晶体结构画图

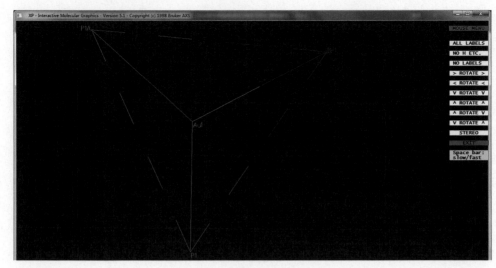

图 6-11

其他的画图流程是一样的,最后得到删除三苯基膦的 Au1 的配位骨架图,如图 6-12 所示。

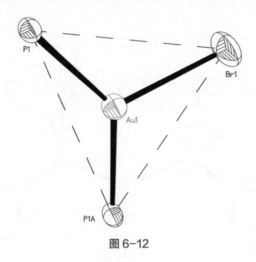

图 6-12

6.1.3 利用 XP 程序画堆积图

① XP>>fmol 从 708-1.res 文件读出晶胞参数和原子坐标等信息,并建立起原子间的连接方式。

② Xp>>GROW。

③ Xp>>cell 回车后会出现如图 6-13 中 6 个数字,前 3 个数字依次表示的是

a、b、c 轴。

图 6-13

④ XP>>matr 2 ↵　这里 matr 命令后的数字代表上一步显示的前 3 个数字中的第一个。这个数字的选择要依照这样的规则：选取 3 个数字中最小的那个，而 matr 后的数字就是上步操作的最小数字所在的顺序号。比如上步操作最小的数字是第二个，则应该是 matr 2。

⑤ XP>> pack　回车后会进入画图界面，如图 6-14 所示。从 b 方向的晶胞堆积图，不但可以看到各个原子的配位情况，若有氢键作用，也可以看到。matr1，3 是分别从 a、c 方向，这时就看你的选择是要从什么角度说明了。当然在 matr 的命令后，我们看到的图可以通过左手方向的旋转按钮来选择其他的角度，只要能说明问题就好。这是要让你确定哪些分子是要保留的，而哪些分子是要删除掉的。一般要将在坐标框以外的，同坐标框根本不沾边的删除掉。删除和保留的方法是：先按回车（Enter），会看到坐标框在闪动，然后按键盘上的空格键保留所闪动的坐标框或分子，而按回车键则删除闪动的分子。等全部分子都处理完后，用窗口右上角的 SG 标示保存退出。

图 6-14

⑥ XP>>telp cell 这是要画堆积图的意思。

⑦ plotfile：Au1-cell 为堆积图文件起的名字，你也可以用另外的名字。不标注原子，直接按 b 保存，如图 6-15 所示。

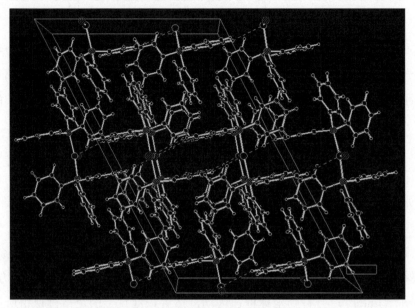

图 6-15

⑧ XP>>draw Au1-cell 20，回车后会出现一句话，选择按键盘上的 a 键（是保存成可用 Acrobat 打开的文件），然后回车，为图形取一个名字，也可以仍用 Au1-cell。

⑨ 上步回车后又会出现一句话，选择 C，按回车即保存成彩色图形，请按回车。等一会儿堆积图就画完了。最后 XP>>quit 退出 XP 程序。

画好的堆积图可以在 example2>>test1 文件夹找到 Au1-cell.ps，用 Photoshop 打开画的图，将画布旋转至图形正位，调整图像大小及分辨率，然后另存为 tif 格式的文件就可以了，堆积图如图 6-16 所示。

6.1.4 Xshell 画分子热椭球图

① Xshell 输出图片必须是球形图或者热椭球图，在 Xshell 界面中，点击鼠标右键，选择"Themal Ellipsoid"展现了不对称分子的热椭球图的效果。

② 对原子的标记及原子标记位置进行设置，对需要设置的原子，将鼠标放在原子上，当鼠标指针会变成十字叉后点击鼠标右键，弹出如图 6-17 所示，Toggle

Label 为进行标记的切换，Position Label 为移动标记的位置。

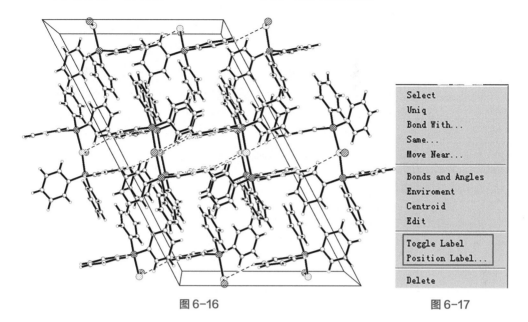

图 6-16　　　　　　　　　　　　　　图 6-17

③ 输出图片前进行原子及背景的设置，如图 6-18 所示，点击 Xshell 的 Preferences 菜单，根据需要对 Atom Preferences 选项中的 Atom Coloration（原子的色号）进行设置，色号可以从 word 等查。

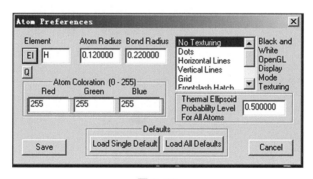

图 6-18

④ 点击 Xshell 的 Preferences 菜单，对 openGL Preferences 选项中的 Background Color 和 Number of Blending Layers for Anti-Aliasing 等进行设置，一般设置参数如图 6-19 所示。

⑤ 输出 JPG 格式的图片。点击 Xshell 的 Rendor 菜单。选择彩色"Colour"或者黑白"White and Black"，再选择"To High-Quality JPEG File"，对 Bitmap

Preferences 图片的分辨率进行设置，如图 6-20 所示。

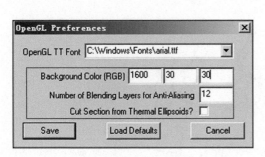

图 6-19

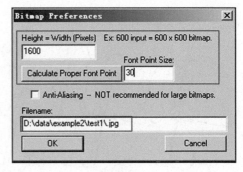

图 6-20

⑥ 在输出控制面板上出现的输出文件目录"D：\data\example2 \test1\.jpg"是没有文件名的，我们要加上个文件名。最后输出的图片如图 6-21 所示。

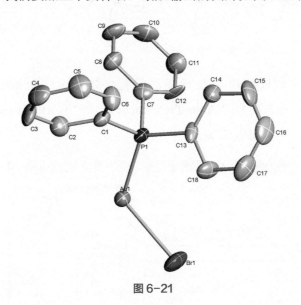

图 6-21

6.1.5　Xshell 画 Au^{3+} 配位环境图

① 根据上述得到不对称分子的椭球图后，点击鼠标右键，选择"Grow"，展现了完整的分子的热椭球图的效果；右击和金属原子直接键连的原子"Br1"，在出现的菜单里面选择"Bond With..."，鼠标指针会变成十字叉，同时拖出一根连接线。然后将十字叉移动到原子"P1"上单击，连接 Br1 和 P1。重复以上方法依次连接 Br1 和 P1A，P1 和 P1A，得到如图所示的平面三角形配位结构图。进行原

子及背景，输出图片分辨率等设置后得到图片如图 6-22 所示。

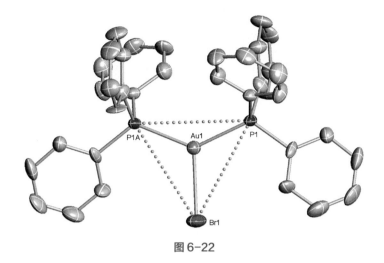

图 6-22

② 删除三苯基膦的苯环后的平面三角形配位结构图：选择原子，按键盘的"K"进行删除，对原子及背景，图片分辨率等设置后导出图片，如图 6-23 所示。

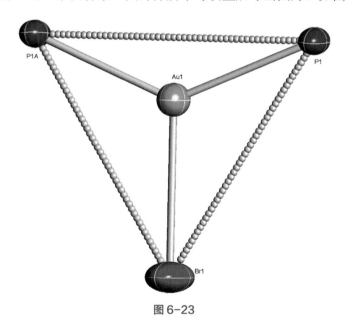

图 6-23

6.1.6　Xshell 画堆积图

点击鼠标右键，点击 pack，出现下面对话框，点击"OK"后，对原子及背景，图片分辨率等设置后导出图片如图 6-24 和图 6-25 所示。

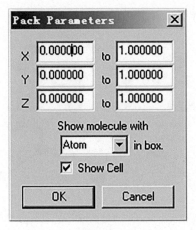

图 6-24

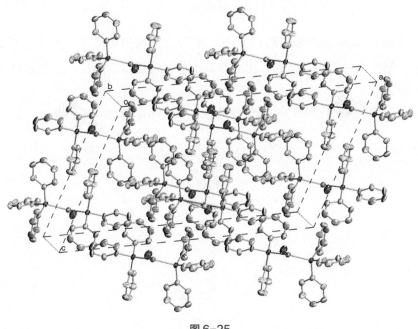

图 6-25

6.2 Diamond 软件画图

这个软件不用说,大家也知道画出来的图那是相当得漂亮,所以我们看到那些杂志上发表的漂亮的图多是用 Diamond 完成的。它的功能很齐全,可以画图、计算距离、扭转角等。在画孔洞方面的图时,可以加入假原子,改变假原子大小,来表达孔洞的大小。对于具有螺旋结构的物质,还可以画出螺旋轴。特别是在讨论拓扑结构时，利用这个软件过滤掉不需要的原子或加上假原子画出的拓扑结构非常漂亮。该软件也可以画出漂亮的多面体图。还有更值得一提的是，它可以制作小的动画短片，如结构的旋转图等，我们把这些动画与 ppt 相结合，会使答辩更精彩。

仍以 example 2 中 708-1 为例，运用 Diamond 软件进行画图，主要介绍一些操作。

6.2.1　用 Diamond 软件画出椭球图和球棍图

① 选择 708-1.cif 文件利用 Diamond 打开，接下来是 Diamond 程序自带的画图帮助窗口，一直"下一步"到问是画单独的配位图，还是晶胞堆积图等几种选择，根据自己的要求，点击"完成"。

② Diamond 工作窗口有很多命令，可以自己琢磨下。如图 6-26 所示，界面上方是菜单栏，下面是命令的图标，点击即可用。界面右边是列表，包括原子、键长等列表。

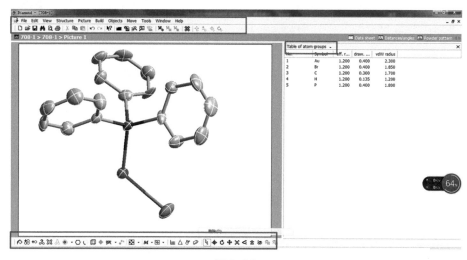

图 6-26

③ 调整模型可以在工作窗口，点击鼠标右键从"Model"中选择不同的模型，球棍图第一个模式：Standard（"Ball-and stick"），如图 6-27 所示。

④ 画椭球图，选择 Mode 中第二个选项 Ellipsoid；再在界面上边的菜单栏选择 Picture 中进行 Atom Designs 设置，如图 6-28 所示，分别设置 Style and Colors 和 Radius，其中 Style 选择 Front ellipses。

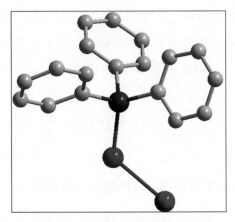

图 6-27

⑤ 如图 6-29 所示，选择 Picture 中进行 Bond Design 设置。其中，Style 选择 Thick，two-colored；Radius 设置键的粗细。

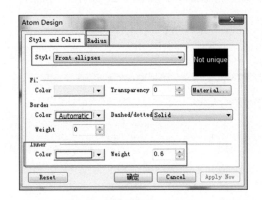

图 6-28

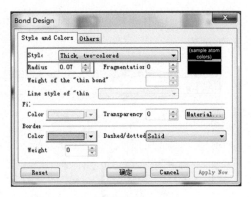

图 6-29

⑥ 如图 6-30 所示，需要对原子进行标号。选择原子，点击鼠标右键，出现工具栏，选择 Add 里的选项 Atom Labels，设置标记类型及字号大小、颜色等。

⑦ 设置好后，需要导出图形，Diamond 可以设置分辨率、底色、输出图的格式，点击菜单栏 Picture 中的 Layout 选项，设置分辨率和背景色，如图 6-31 所示。

⑧ 导出图片，设置 file-save as-Save Graphics As-.tif 格式和 file-save as-Save Sturcture As-.diamdoc 格式。最后得到椭球图，如图 6-32 所示。

6.2.2 用 Diamond 软件画出多面体图

如果需要画多面体图，可以打开如图 6-33 所示菜单栏 Bulid 中选择 polyhedra

中的 Add Polyhedra 选项，进行中心原子及配体的选择、多面体颜色等设置。点击 Apply Now 就可以看到设置的效果。

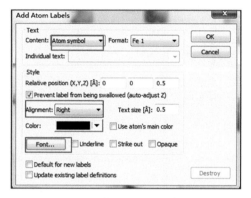

图 6-30

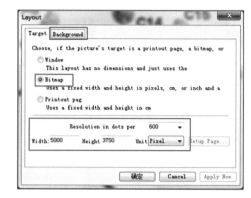

图 6-31

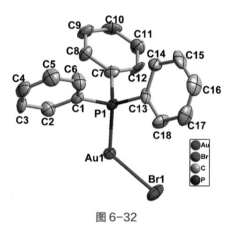

图 6-32

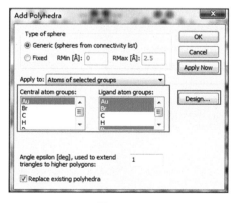

图 6-33

第 6 章 晶体结构画图 **173**

6.2.3 用 Diamond 软件画出堆积图

① 如果需要画三维堆积图，可以打开如图 6-34 所示菜单栏 Bulid 中的 FillSuper Cell，选择 Super Cell，一般选择 3×3×3 cells。

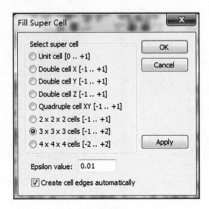

图 6-34

② 如图 6-35 所示，打开菜单栏 Picture 中的 Viewing Direction，可以选择从 a、b、c 等方向查看堆积情况。

图 6-35

③ 根据需要表达的内容需求，可以对原子进行删减，也可以进行球棍、多面体等多种方式的组合等。

④ 点击 Object 分别选择 Coordinate System 和 Legend 进行坐标和图例的设置，如图 6-36 所示。

⑤ 设计好图片后，调整图片分辨率及背景，导出图片。

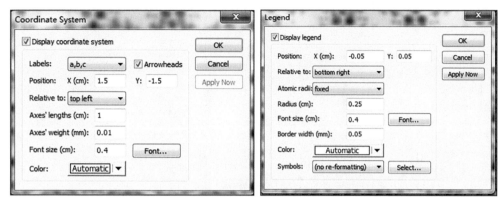

图 6-36

6.3 Mercury 软件画图

① 如图 6-37 所示，Mercury 软件是命令最简化的软件，主要利用这个软件来看图，找出结构的特点。刚打开时就可以看到一个基本的配位环境图，然后点几个命令就可知该结构有没有氢键、是几维的。

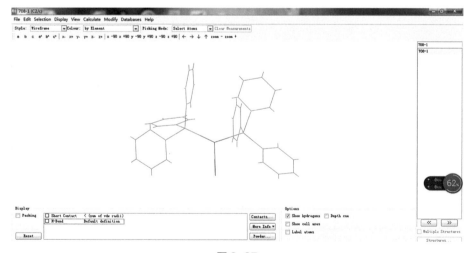

图 6-37

② 如图 6-38 所示，Mercury 可以模拟 XRD 衍射，Diamond 也可以，但是 Mercury 模拟出来的更好看，前者模拟的图形样式可以根据设置改，后者却不能。点击菜单栏中 Calculate 中的 Powder Pattern，可以得到模拟的 XRD 衍射图，可以进行衍射角起始、结束及步长等设置。

第 6 章　晶体结构画图　　**175**

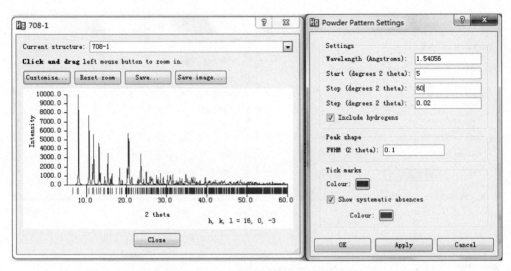

图 6-38

  Mercury 最大的缺点就是，画出来的图的清晰度达不到有些杂志的要求，发表文章还是用 Diamond 作图更好。所以经常用 Mercury 来了解结构的特点，用 Diamond 画图。总之，我们在画图或观察结构特点时，要综合运用这四个软件，取各自的优势和特点。

第7章
三维拓扑结构分析

得到团簇精确三维拓扑结构后，有时候需要分析其三维拓扑堆积结构，一般使用 TOPOS 4.0。

7.1 $[Ln(H_2O)_7][Ln(H_2O)_5][Co_2Mo_{10}H_4O_{38}]$ 拓扑结构分析 [1]

第一步

导入数据，将 cif 转化为 cmd 格式。

打开 TOPOS4.0 软件，在 Database 里，点击"Import"出现如图 7-1 所示的对话框，找到 5.cif 文件，如图 7-2 所示。

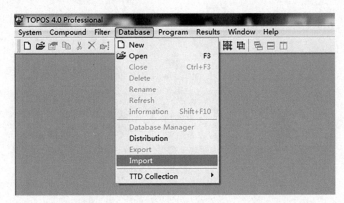

图 7-1

图 7-2

---

[1] 本例子中 cif 数据来自 Haiyan An, Ying Hu, Lin Wang, Enlong Zhou, Fei Fei, and Zhongmin Su. 3D Racemic Microporous Frameworks and 3D Chiral Supramolecular, Architectures Based on Evans-Showell-Type Polyoxometalates Controlled by the Temperature. Cryst Growth Des, 2015, 15: 164-175.

点击"打开"出现图 7-3 所示对话框,"文件名"可以取任意名字,本例子文件名 5-topos。点击"打开"后,出现如图 7-4 所示对话框,点击"yes"。

图 7-3

图 7-4

在图 7-4 所示确认对话框中点击"yes"后,出现图 7-5 所示用户代码对话框,输入代码"1",点击"OK"。出现了图 7-6,表示文件导入完成,可以进行分析。

图 7-5

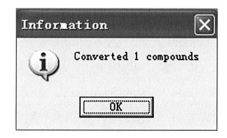

图 7-6

第二步

① 查看结构。首先，运行"IsoCryst"，点击图标 ，如图 7-7 所示，出现新的界面。

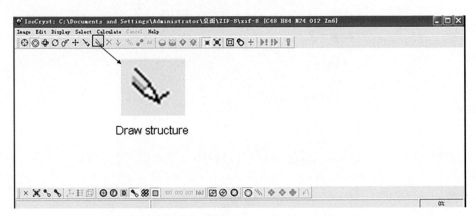

图 7-7

技巧：

为便于分析金属 Gd 原子的配位情况，可以左键点击任一个金属 Gd 原子，此时，选中的金属原子为黄色，工具栏中的"show selection only" 按钮也由灰色（不可选）变为黄色高亮显示， ，点击，只有该金属原子显示在图中。图中任意空白处点击右键，取消选择，金属原子颜色恢复。

点击"growing structure" 按钮，即显示与该金属原子配位的所有原子（该示例中均为 N 原子），Gd 为 4 配位，4 连接节点。多酸为 4 连接点。

② 运行 Auto CN，点击图标 ，出现如图 7-8 所示对话框。

图 7-8

如图 7-9 所示，点击 Options 选项，点击 matrix。

默认选择的"Spec.Cont."和"vdW Cont."这 2 项不要，把前面的勾选掉，不选，然后点击"Ok"和"Run"-Data -Save Data，如图 7-10 所示。

"Spec.Cont."和"vdW Cont."这 2 项，对应的分别是特殊相互作用和范德华相互作用（即弱的相互作用），在对一些氢键网络分析拓扑时需要用到。

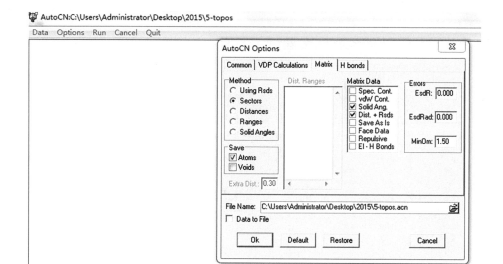

图 7-9

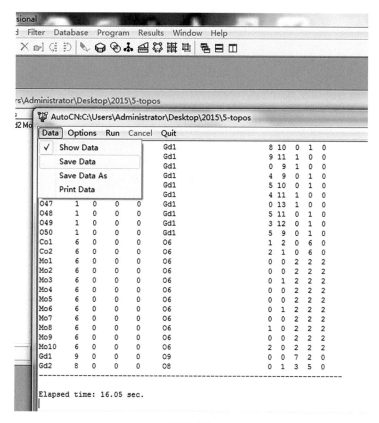

图 7-10

第 7 章 三维拓扑结构分析

第三步

特别重要：简化拓扑，点击 Compound-Auto Determine-Simplify Adjacency Matrix，如图 7-11 所示。

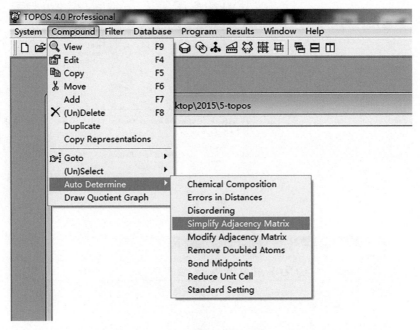

图 7-11

出现如图 7-12 所示对话框，不用改动，单击 OK，新拓扑已经生成。

图 7-12

如图 7-13 所示，ADS 分析，勾选 Save Centroid，选择金属离子，如图 7-14 所示。

得出如图 7-15 所示的结构分析结果。

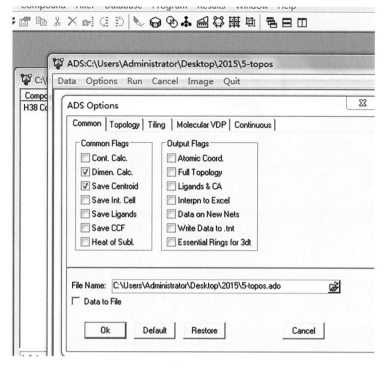

图 7-13

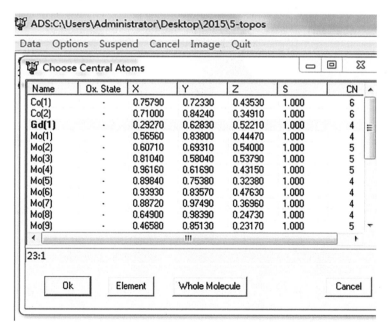

图 7-14

```
Data  Options  Run  Cancel  Image  Quit
Structure consists of 3D framework with ZEZD

Coordination sequences
----------------------
ZD1:  1  2  3  4   5   6   7   8   9  10
Num   4 10 21 36  54  78 106 136 173 214
Cum   5 15 36 72 126 204 310 446 619 833
----------------------
ZE1:  1  2  3  4   5   6   7   8   9  10
Num   4 10 21 36  54  78 106 136 173 214
Cum   5 15 36 72 126 204 310 446 619 833
----------------------
TD10=833

Vertex symbols for selected sublattice
--------------------------------------
ZD1 Point (Schlafli) symbol:{4^2;6^3;8}
Extended point symbol:[4.6.4.6.6(2).8(6)]
--------------------------------------
ZE1 Point (Schlafli) symbol:{4^2;6^3;8}
Extended point symbol:[4.6.4.6.6(2).8(6)]
--------------------------------------
Point (Schlafli) symbol for net: {4^2;6^3;8}
4-c net; uninodal net

Topological type: sra SrAl2 CeCu2 ABW; 4/4/o1 {4^2;6^3;8} - VS [4.6.4.6.6.8(2)]  (66909 types in 9 databases)
Elapsed time: 49.21 sec.
```

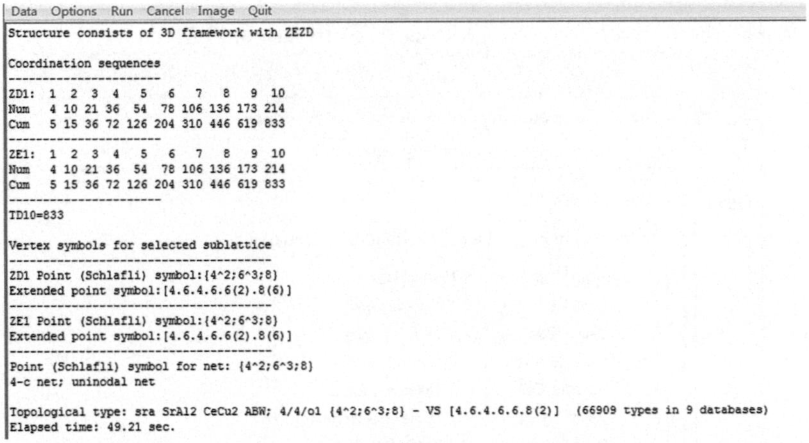

图 7-15

第四步

（1）查看简化后的配位数

双击化学式，点击选项 Atoms 查看配位数，选项 Adjacency Matrix 查键长，如图 7-16、图 7-17 所示。

Name	No	DegOx	4,C2h	X	Y	Z	S	CN
Gd El	1	0	4,C1	0.29270	0.62830	0.52210	1.000	4
Sc	1	0	4,C1	0.73268	0.78326	0.39276	1.000	4

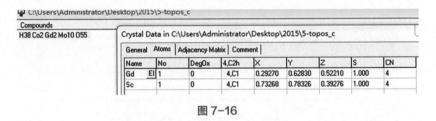

图 7-16

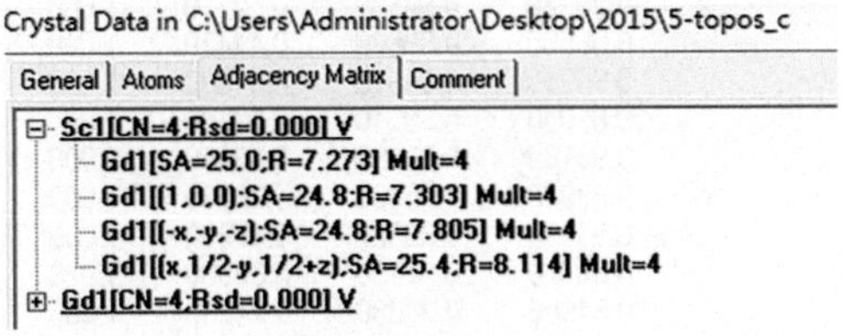

图 7-17

（2）查看拓扑图

查看结构。首先，运行“IsoCryst”，可以看到如图 7-18 所示结构图。

（3）分析结果文件

5-topos.ado

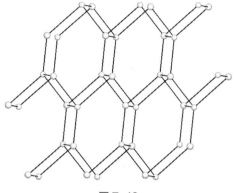

图 7-18

第五步

导出 cif 文件，如图 7-19 所示。Diamond 里画图的键长设置根据上述分析出的数据设置，得到如图 7-20 所示的结构图。

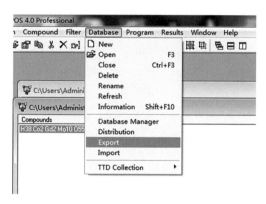

图 7-19

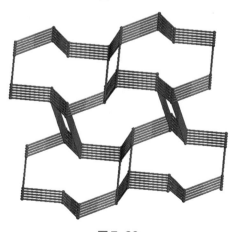

图 7-20

7.2 $(C_2N_2H_{10})_2[Sr(H_2O)_5][Co_2Mo_{10}H_4O_{38}] \cdot 2H_2O$ 拓扑结构分析 [1]

第一步

导入数据 -AutoCN Options（不选 Matrix-Spec.Cont. 和 vdW Cont. 两项），如图 7-21 所示，点击 Ok-Run-Data-Save Data 或者 Save Data As。

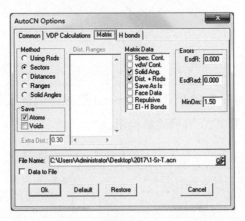

图 7-21

第二步

先用 IsoCryst 查看结构看是否需要简化结构，需要的话如图 7-22 所示，点击 Compound-Auto Determine-Simplify Adjacency Matrix。

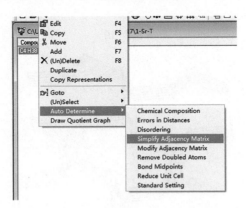

图 7-22

---

[1] 本例子 cif 数据来自 Yujiao Hou, Haiyan An, Baojun Ding and Yanqin Li. Evans-Showell-type polyoxometalate constructing novel 3D inorganic architectures with alkaline earth metal linkers: syntheses, structures and catalytic properties. Dalton Trans, 2017, 46: 8439-8450.

第三步

检查简化后的结构情况。

用 IsoCryst 查看连接点数情况：如图 7-23 所示。金属离子和簇离子连接点都是 3 连接，是正确的。

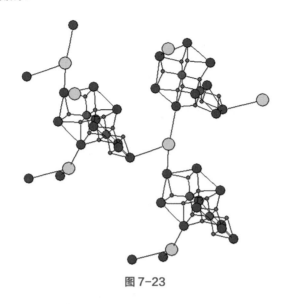

图 7-23

第四步

ADS 分析，此时勾选 Save Centroid，如图 7-24 所示。选择所有的金属离子，如图 7-25 所示。

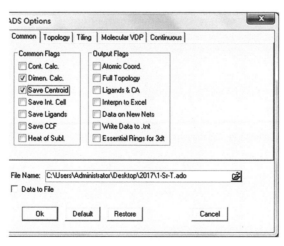

图 7-24

第 7 章 三维拓扑结构分析

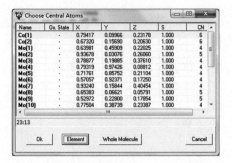

图 7-25

第五步

再次 ADS 分析,此时勾选 Save Centroid,只选择 Sr 原子,如图 7-26 所示。

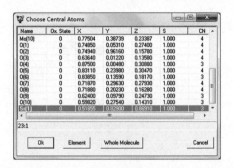

图 7-26

第六步

用 IsoCryst 查看结构,如图 7-27 所示。

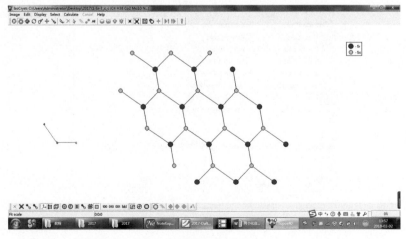

图 7-27

第七步

生成分析报告。再次 ADS 分析，此时不勾选 Save Centroid，选择 Sr 和 Sc 原子，如图 7-28 所示。分析结果如图 7-29 所示。

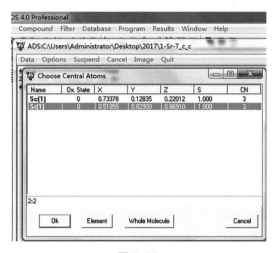

图 7-28

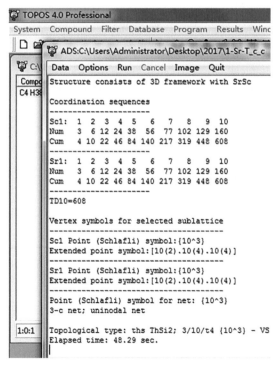

图 7-29

第 7 章　三维拓扑结构分析

第八步

保存分析报告、cif 及配位数和键长的数据。

① 分析报告保存：Data- Save Data 或者 Save Data As，如图 7-30 所示。

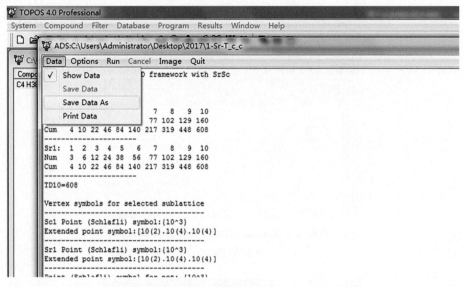

图 7-30

② 保存 cif 文件，如图 7-31 所示。

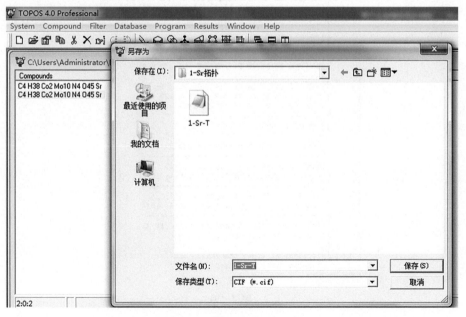

图 7-31

③ 记录配位数及键长，便于在 Diamond 里画图。利用如图 7-32、图 7-33 所示信息，画出如图 7-34 所示结构图。

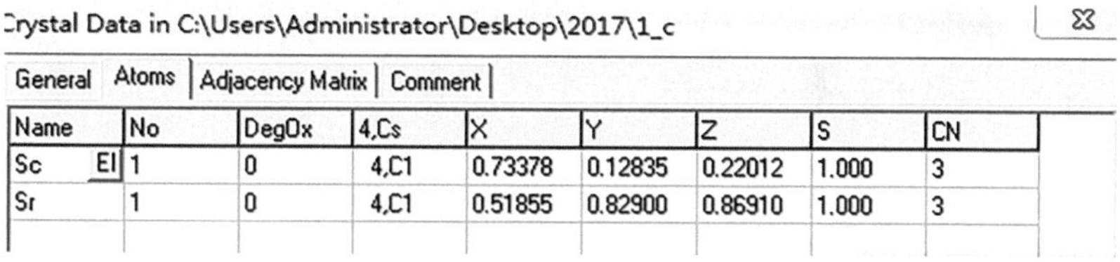
Crystal Data in C:\Users\Administrator\Desktop\2017\1_c

General | Atoms | Adjacency Matrix | Comment

Name	No	DegOx	4,Cs	X	Y	Z	S	CN
Sc El	1	0	4,C1	0.73378	0.12835	0.22012	1.000	3
Sr	1	0	4,C1	0.51855	0.82900	0.86910	1.000	3

图 7-32

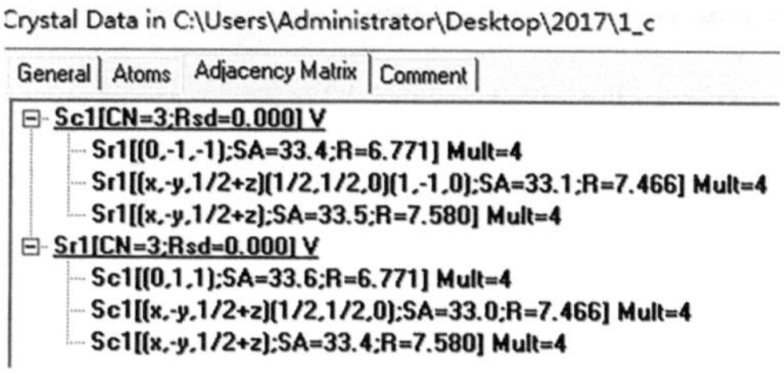
Crystal Data in C:\Users\Administrator\Desktop\2017\1_c

General | Atoms | Adjacency Matrix | Comment

Sc1[CN=3;Rsd=0.000] V
Sr1[(0,-1,-1);SA=33.4;R=6.771] Mult=4
Sr1[(x,-y,1/2+z)(1/2,1/2,0)(1,-1,0);SA=33.1;R=7.466] Mult=4
Sr1[(x,-y,1/2+z);SA=33.5;R=7.580] Mult=4
Sr1[CN=3;Rsd=0.000] V
Sc1[(0,1,1);SA=33.6;R=6.771] Mult=4
Sc1[(x,-y,1/2+z)(1/2,1/2,0);SA=33.0;R=7.466] Mult=4
Sc1[(x,-y,1/2+z);SA=33.4;R=7.580] Mult=4

图 7-33

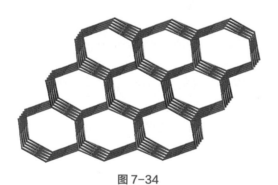

图 7-34

7.3 $(C_2N_2H_{10})_2[Ba(H_2O)_3][Co_2Mo_{10}H_4O_{38}]\cdot 3H_2O$ 拓扑结构分析❶

本例子的特殊之处是簇和金属原子配位，其中一个簇的两个端基氧与金属配位，如果采用简单的简化就会出现问题。查看结构发现簇和金属都是 3 连接。简

❶ 本例子 cif 数据来自 Yujiao Hou，Haiyan An，Baojun Ding and Yanqin Li. Evans-Showell-type polyoxometalate constructing novel 3D inorganic architectures with alkaline earth metal linkers：syntheses，structures and catalytic properties. Dalton Trans., 2017, 46: 8439-8450.

化后特别注意观察金属离子与簇中哪个原子相连。

第一步

导入数据 -ACTO CN- 简化：单击菜单栏中 Compound 选项下的 Auto Determine 选项中的 Simplify Adjacency Matrix。

第二步

运行 ADS 分析结构（勾选 Save Centroid，此时选择所有的金属原子），选择 IsoCryst 查看结构，如图 7-35 所示，从图中发现：Ba 与 Mo1、Mo5、Mo7、Mo8、Mo10 相连接。而原图是 Ba 与 Mo1、Mo8、Mo10 上的 O 相连，即简化后 Ba 与 Mo1、Mo8、Mo10 相连接，Ba 与 Mo5、Mo7 是不相连接的。该处理方法是把 Ba 与 Mo5、Mo7 两个键弱化成氢键。

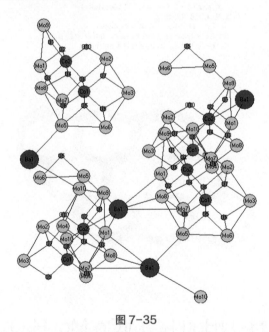

图 7-35

第三步

如图 7-36 所示，双击化合物名称后弹出窗口，选择 Ba1 与 Mo5、Ba1 与 Mo7 两个键的键类型为"H bond"，即将 Ba1 与 Mo5、Ba1 与 Mo7 两个键弱化成氢键。

第四步

如图 7-37 所示，用 IsoCryst 查看结构，发现 Ba1 与 Mo5、Mo7 不相连了。

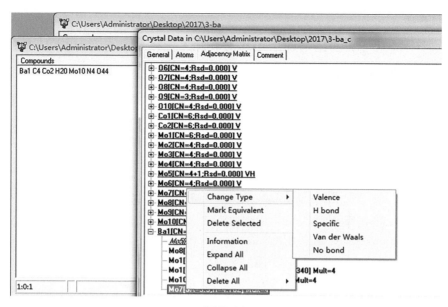

图 7-36

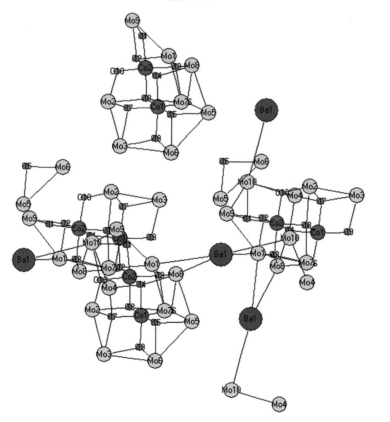

图 7-37

第 7 章 三维拓扑结构分析

第五步

如图 7-38 所示，将结构进行 ADS 分析，不选择 Save Centroid，且中心原子只选择 Ba1 离子。

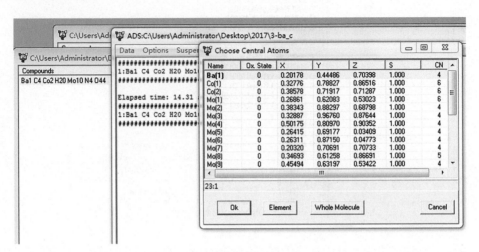

图 7-38

第六步

如图 7-39 所示，点击菜单栏 Program 查看分析结果文件。

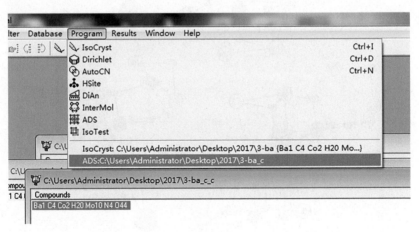

图 7-39

第七步

生成最终报告：如图 7-40 所示，在 ADS Option 界面的 Common 中只选择 Dimen. Calc.，不选择 Save Centroid，点击 OK，弹出选择中心原子的界面如图 7-41

所示，选择 Ba 和 Sc 两个原子。

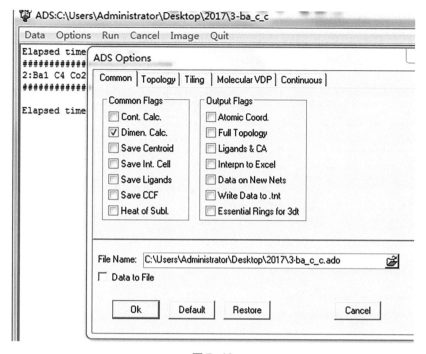

图 7-40

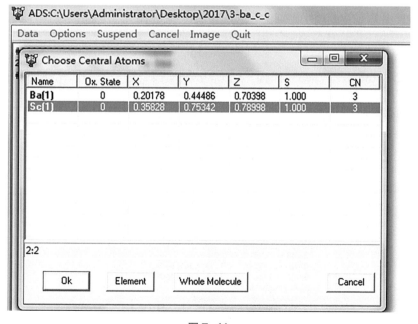

图 7-41

第八步

保存分析报告 .cif 文件及配位数及键长的数据。

① 点击 Data 菜单下 Save Data 或者 Save Date As，保存为 cif 文件或者 Ads 文件和 ado 格式两种格式的分析结果报告，分析结果如图 7-42 所示。

```
ADS:C:\Users\Administrator\Desktop\2017\3-ba_c_c
Data  Options  Run  Cancel  Image  Quit
Structure consists of 3D framework with BaSc

Coordination sequences
----------------------
Sc1:  1  2  3  4  5   6   7   8   9  10
Num   3  6 12 24 38  56  77 102 129 160
Cum   4 10 22 46 84 140 217 319 448 608
----------------------
Ba1:  1  2  3  4  5   6   7   8   9  10
Num   3  6 12 24 38  56  77 102 129 160
Cum   4 10 22 46 84 140 217 319 448 608
----------------------
TD10=608

Vertex symbols for selected sublattice
--------------------------------------
Sc1 Point (Schlafli) symbol:{10^3}
Extended point symbol:[10(2).10(4).10(4)]
--------------------------------------
Ba1 Point (Schlafli) symbol:{10^3}
Extended point symbol:[10(2).10(4).10(4)]
--------------------------------------
Point (Schlafli) symbol for net: {10^3}
3-c net; uninodal net

Topological type: ths ThSi2; 3/10/t4 {10^3} - VS [10(2).10(4).10(4)]  (66909 types in 9 databases)
Elapsed time: 57.81 sec.
```

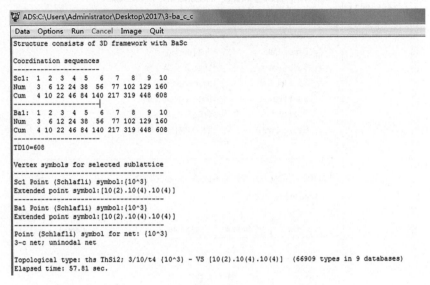

图 7-42

② 查看原子坐标如图 7-43 所示，查看配位数如图 7-44 所示，查看键长（如图 7-45 所示），查看这些结果便于 Diamond 作图。

Crystal Data in C:\Users\Administrator\Desktop\2017\2-Ba1_c_c_c

General | Atoms | Adjacency Matrix | Comment

Name	No	DegOx	4,Cs	X	Y	Z	S	CN
Ba El	1	0	4,C1	0.20178	0.44486	0.70398	1.000	3
Sc	1	0	4,C1	0.35828	0.75342	0.78998	1.000	3

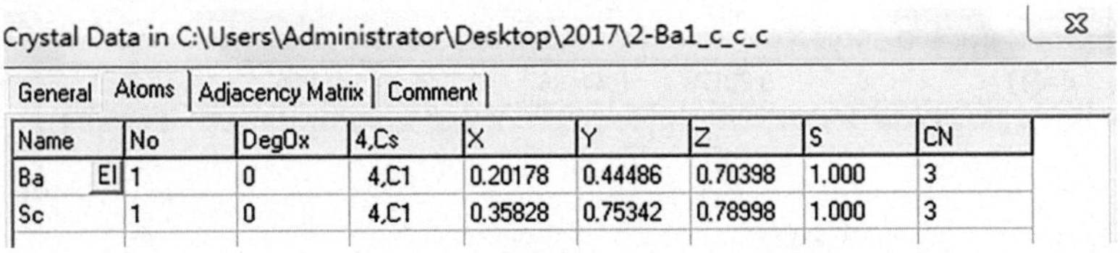

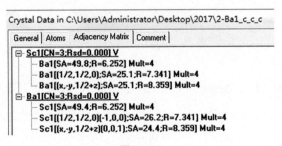

图 7-43

图 7-44

```
Point (Schlafli) symbol for net: {10^3}
3-c net; uninodal net

Topological type: ths ThSi2; 3/10/t4 {10^3} - VS [10(2).10(4).10(4)]   (66909 types in 9 databases)
Elapsed time: 12.83 sec.
```

图 7-45

③ 导出 cif 文件后，运用 Diamond 软件画出拓扑图，结果如图 7-46 所示。

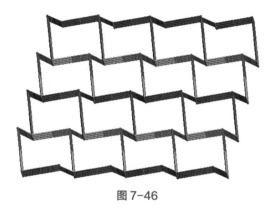

图 7-46

参考文献

[1] 陈小明,蔡继文. 单晶结构分析的原理与实践 [M]. 2 版. 北京:科学出版社,2011.

[2] Müller P,等. 晶体结构精修:晶体学者的 SHELXL 软件指南 [M]. 陈昊鸿,译. 北京:高等教育出版社,2010.

[3] 张俊,杜琳. 单晶 X 射线衍射结构解析 [M]. 安徽:中国科学技术大学出版社,2017.